国家自然科学基金重大项目"微观大数据计量建模研究"（编号：71991474）

国家自然科学基金创新研究群体项目"金融创新、资源配置与风险管理"
（编号：71721001）

国家社会科学基金重大项目"数字普惠金融的创新、风险与监管研究"
（编号：18ZDA092）

数据资源与数据资产概论

Introduction of Data Resource and Data Asset

曾 燕 等著

中国社会科学出版社

图书在版编目（CIP）数据

数据资源与数据资产概论/曾燕等著. —北京：中国社会科学出版社，2022.2（2024.1重印）

ISBN 978 - 7 - 5203 - 9706 - 3

Ⅰ.①数…　Ⅱ.①曾…　Ⅲ.①数据管理—资源管理（电子计算机）—研究　Ⅳ.①TP274

中国版本图书馆 CIP 数据核字（2022）第 022935 号

出 版 人	赵剑英
责任编辑	刘晓红
责任校对	周晓东
责任印制	戴　宽

出　　版	中国社会科学出版社
社　　址	北京鼓楼西大街甲 158 号
邮　　编	100720
网　　址	http://www.csspw.cn
发 行 部	010 - 84083685
门 市 部	010 - 84029450
经　　销	新华书店及其他书店

印刷装订	北京君升印刷有限公司
版　　次	2022 年 2 月第 1 版
印　　次	2024 年 1 月第 2 次印刷

开　　本	710×1000　1/16
印　　张	15.75
插　　页	2
字　　数	223 千字
定　　价	88.00 元

凡购买中国社会科学出版社图书，如有质量问题请与本社营销中心联系调换

电话：010 - 84083683

撰写组成员

组　　长　曾　燕

成　　员　（按照姓氏拼音排序）：

　　　　　董如玉　蒋倩仪　刘　语

　　　　　任诗婷　肖　遥　钟容与

前　言

　　如今，数据已成为数字经济时代最为重要的资源。数据作为一种全新的科学技术生产力，推动各个要素参与生产环节，成为经济增长的内生性条件。2015 年，党中央发布了《促进大数据发展行动纲要》，将大数据纳入国际基础性战略资源。2020 年 4 月，《中共中央国务院关于构建更加完善的要素市场化配置体制的意见》中提出加快培育数据要素市场。2020 年 11 月，《中共中央关于制定国民经济和社会发展第十四个五年规划和二〇三五年远景目标的建议》中提出推进数据等要素的市场化改革。这一系列政策文件凸显了国家对于数据这种战略资源和生产要素的高度重视。

　　数据有力地提升了我国产业经济水平，同时也给我国经济、社会和政府的发展带来深刻变革，推动数字经济、数字社会与数字政府的高质量发展。近年来，数据已成为我国经济高质量发展的关键要素，参与生产经营过程，提高政府和企业的运营效率，便利人们的日常生活。

　　基于此，本书聚焦于数据资源与数据资产这一主题，融合理论知识与实践经验，旨在提供体系化的数据资源与数据资产发展概述，为数据资源与数据资产的发展奠定坚实基础。数据要素市场化改革重点在于数据的价值化，其中包括数据资源化与数据资产化。本书围绕数据资源与数据资产展开论述。首先，本书介绍数据资源的基本知识，围绕数据资源这一话题探讨数据资源的价值、数据资源的确权与数据资源的流通等热点问题。其次，本书从数据资源过渡到数据资产，介绍数据资产的定义与性质，并介绍数据资产的确认、数据资产的应用准备与数据资产的定价等问题。最后，本书融汇数据资源与数据资产相关问题，提出系统化的数据资产管理模式。

我们期待本书能够提供系统化的框架，为读者普及数据资源与数据资产相关知识，为社会做出微薄贡献。当今数字经济、数字社会与数字政府建设日趋成熟，我们相信在党和政府的领导下，我国数据要素价值化的发展必将充满活力。

曾燕

2021 年 11 月 24 日

目　　录

第一章　数据资源概述

数字经济时代，数据不再是电脑里机械的数字，而是一种重要的资源。本章主要对数据、数据资源与数据要素进行介绍。第一节将给出数据与大数据的定义——大量客观事物的集合，重点讨论大数据的5V特性，并指出数据与信息的区别和联系。第二节将介绍数据资源的定义与分类，强调数据资源是"有价值的大数据"，讨论数据资源的无形性与可复制性、非竞争性与弱排他性、时效性、依附性、垄断性五个主要性质，并将数据资源与石油资源等大宗商品进行比较，进一步突出数据资源的难定价性和个体差异性等特点。第三节将紧随当前政策，介绍数字经济中数据如何成为推动生产力变革和经济长期发展的生产要素，概括以数据要素为核心的数字经济面临的主要挑战，并构建数字经济发展的"四化框架"，引出数据共享、数据确权、数据管理等内容，为后续章节做铺垫。

【导读案例：阿里云城市大脑】

阿里巴巴数字政府事业部副总裁赵正纲在接受采访时提到，在城市生活中，每时每刻都有无数的数据产生，但分散的、原始的数据并不能发挥它的深层价值，也就无法为管理者提供有效的城市信息，难以协助政府实施政策与配置城市资源。事实上，这些数据都是待利用的资源，如果政府能利用好这些数据，将会为城市治理带来巨大便利。

阿里云在 2016 年提出了"城市大脑"的概念。赵正纲表示,过去的智慧城市只侧重于摄像头、传感器等前端建设,收集来的数据仅作静态展示,无法把这些硬件中的结果反馈给政府。城市大脑能够以实时全量的城市数据资源为基础,利用云计算、大数据分析、物联网和人工智能技术,及时发现城市运行缺陷。"城市大脑3.0"已在 2020 年 6 月上线,有望大大提升城市治理水平。例如,阿里云在政府支持下收集和分析了某些城市里的医院床位和交通数据,居民挂号时可以查询到相关医院的床位和停车位数据,这在很大程度上提升了居民的看病体验。①

截至 2021 年上半年,全国已有 40 个城市应用城市大脑,应用场景覆盖了上千个政府部门。城市大脑推动了数字经济时代智慧城市的建设。②

【案例探讨】

思考:在 21 世纪,数据为城市治理带来了哪些改变?

第一节　什么是数据

随着区块链、云计算、人工智能等数字技术的兴起,各行各业越来越注重数据的收集与使用。在数字经济时代之前,技术的限制致使数据不能被及时记录下来并长期保存,且集中程度太低、数量太少,能挖掘到的价值有限。过往的数据利用程度已经不能满足 21

---

① 南方新闻网,https://baijiahao.baidu.com/s? id = 1677862209326973332&wfr = spider&for = pc.

② 腾讯网,https://new.qq.com/rain/a/20210604A02ZS400.

世纪快速增长的数字化需求，人们需要重新理解数据的丰富内涵，重新审视数据的重要地位。

一 数据和大数据

目前，不同领域对数据（Data）的定义各有所见。在法律上，2021 年 6 月我国颁布的《中华人民共和国数据安全法》将数据定义为"任何以电子或者其他方式对信息的记录"。① 在计算机领域，数据被定义为一种客观事实与结果，是对客观事物的逻辑归纳、表示客观事物的未经加工的原始素材（康旗等，2016）。数据可以被分为形如 1、2、3 等数字形式的结构化数据和形如声音、图像、视频等形式的半结构化或非结构化数据。综合上述各类定义，本书讨论的数据是指以电子或其他方式对客观事实或规律的记录，是提炼信息的原材料。这些最原始的数据是形成大数据集的基础。

大数据是一种特殊的数据集。2011 年，麦肯锡咨询公司分析道："世界的数据量正呈指数级增长……现代经济活动、技术创新和经济增长越来越离不开数据。"② 大数据尚未有明确统一的定义，例如，中国信息通信研究院（以下简称"中国信通院"）在《数据资产化：数据资产确认与会计计量研究报告》中定义大数据"是一种规模大到在获取、存储、管理、分析方面超出了传统数据库软件工具能力范围的数据集合"。本书认为，大数据的特性使其具有独特的价值，因此将大数据定义为有分析价值的，需要依靠数字技术进行收集和处理的大量数据的集合。在普遍认知下，大数据具有 4V 特性，分别是数量大（Volume）、速度快（Velocity）、种类多（Variety）、价值性（Value）。在 4V 的基础上，国际大数据公司 International Business Machines Corporation（IBM 公司）进一步提出了 5V，

---

① 最高人民法院，https：//baijiahao. baidu. com/s？ id = 1702265632126727684&wfr = spider&for = pc.

② 麦肯锡，Big Data：The Next Frontier for Innovation，Competition，and Productivity，https：//www. mckinsey. com/business － functions/mckinsey － digital/our － insights/big － data － the － next － frontier － for － innovation.

加入了准确性（Veracity）。① 这五种特性是大数据区别于普通数据的重要特征，具体描述如表1-1所示。

表1-1 大数据的5V特性

特性	具体内容
数量大	全球数据量正在爆发式增长。国际数据公司（IDC）预计2025年全球的数据量将达到163ZB②
速度快	随着数据存储工具和数据分析工具快速发展，数据的产生速度、交互速度和分析速度越来越快。我国研制的"天河二号"计算机目前可以达到每秒5.49京次③的计算速度。在2021年发布的全球超级计算机500强榜单中，天河二号的运算速度排名第二位④
种类多	数据的种类丰富多样，例如，根据行业可分为工业数据、农业数据、服务业数据等
价值性	数据具有一定价值，如记载事实、反映规律等。单份数据的价值大小取决于获取难度、机密程度、使用场景等多方面
准确性	数据的准确与否决定着数据是否具有价值。数据的准确性包括多个方面，如数据是否有误、是否过时、是否有遗漏等

资料来源：笔者根据公开信息整理。

大数据的5V特性决定了它的管理要求。第一，大数据的体量较大，这对存储工具有很高的要求。第二，大数据种类繁多的特点要求企业匹配更高效率的管理工具，快速地将数据按来源、类型与功能等方式进行分类。第三，大数据的更新速度快，这使数据管理者需要随时收集和分析新数据，并且能和其他组织进行数据交流与分享。第四，大数据的低价值密度特性需要数据管理者提升处理分析能力，快速、精准地提炼出大数据的价值。第五，大数据的准确

---

① CSDN, https：//blog. csdn. net/arsaycode/article/details/70847184.

② 1ZB = 1024 EB，1EB = 1024 PB，1PB = 1024 TB，1 TB = 1024 GB。新华网，http：//www. xinhuanet. com/fortune/2017 – 05/11/c_ 129601736. htm.

③ 1京次 = 10^16 次。

④ 快科技, https：//news. mydrivers. com/1/266/266567. htm.

性提示管理者除了注重大数据的应用管理外，还需注意数据本身的核验与清洗。

在某种程度上，数据与大数据可以看作是量变到质变的关系。假设某视频平台拥有了一个用户的个人资料和浏览记录，那该平台就得到了一份"数据"。而当平台的影响力逐渐扩大、用户的平台使用时长逐渐增长，平台能获取的用户信息就逐渐增多，当数量达到一定规模时，平台就掌握了"大数据"。例如，快手2020年上半年月平均新增11亿个视频，日平均活跃人数高达2.58亿人，这些用户平均每月使用App超过85小时。[①] 如此高的活跃度是平台获取用户大数据的基础。快手可以利用这些数据洞察用户的关注领域、地区分布、使用时长等多方面信息，数据量越大，观察结果就越准确。

二　数据与信息

数据和信息都是对事实的阐述，但本书认为两者在本质上不能看成是同一事物。有不少学者对数据与信息的区别进行了阐述。例如，郑彦宁和化柏林（2011）从情报学的角度将信息定义为客观世界中各种事物的状态和特征的反映，是与问题相关的数据，认为"数据强调形式，信息注重内容"。梅夏英（2020）指出，法律大多数时候并未对数据和信息作详细区分，尽管并没有必要在法律上严格区分两者，但对信息问题和数据问题的区分仍是具有意义的。

综合各方意见，本书认为信息是数据经过收集、清洗、分析等一系列步骤后的产物。信息不是凭空产生的，而是人们对相应的数据进行各类处理后提炼出来的。没有客观的数据支撑，信息也就难以存在，数据是获取信息的前提条件。此外，部分信息被提取出来后，又可作为新的数据投入到下一轮分析，形成"数据—信息—数据"的有益循环，很大程度上增加了数据的可利用价值。

---

① 南方财富网，http://www.southmoney.com/caijing/caijingyaowen/202012/8129542.html.

【案例：用户画像】

商家拥有的用户数据并不能直接发挥作用，而是需要将其转化成有用的信息，再用于不同的地方。例如，用户画像是商家常用的一种利用零散数据组合成个人信息的手段。"性别：女""学历：硕士""信用：良好""消费区间：较高"……这些标签数据，勾勒出一个消费者的形象，这就是数据背后的信息。商家能以此为用户精准推送满足其个性化需求的产品与服务，提升用户体验，降低营销成本。

第二节　数据成为资源

数据已经成为数字经济时代的重要资源。2015 年，党中央发布了《促进大数据发展行动纲要》，将大数据纳入国家基础性战略资源。[①] 被誉为"数据之王"的九次方大数据公司创始人王叁寿先生曾言："数据资源未来很有可能取代土地成为国家发展的关键性基础战略资源。"[②] 2020 年 7 月，全国科学技术名词审定委员会发布《大数据新词发布试用》，收录了 108 个新审定的名词，其中便包括数据资源（Data Resources）一词。[③] 资源是一个经济学概念，把数据视作一种资源强调了数据的价值与可利用性。21 世纪是数字经济时代，大数据已经逐渐融入社会生产与生活之中，对数据资源的讨论有利于人们充分利用大数据，提高生活水平与生产效率。

---

① 中国政府网，http：//www. gov. cn/xinwen/2015 - 09/05/content_ 2925284. htm.

② 搜狐网，https：//www. sohu. com/a/113431217_ 189668.

③ 全国名词科技委，http：//www. cnctst. cn/xwdt/tpxw/202007/t20200723 _ 570712. html.

一　数据资源的定义与分类

数据资源的定义可从数据定义中延伸出来。《信息安全技术网络安全等级保护定级指南（2020）》将数据资源定义为"具有或预期具有价值的数据，多以电子形式存在"。[①]《浙江省数字经济促进条例》对数据资源的定义是"以电子化形式记录和保存的具备原始性、可机器读取、可供社会化再利用的数据集合"。[②] 中国信通院在《数据价值化与数据要素市场发展报告（2021年）》中定义数据资源为"能够参与社会生产经营活动、可以为使用者或所有者带来经济效益、以电子方式记录的数据"。本书综合上述定义，结合"数据"与"资源"的概念与性质，给出本书中数据资源的定义：数据资源是可被机器读取的、所有可能产生价值的数据的集合，具有可利用性和潜在价值性。定义中的"数据"在大多数情况下指具有5V属性的大数据，因为这些数据获取难度更高，有更大的分析潜力，但也包括一些零散的数据，比如公安档案中某栋居民楼的住户数据等，这些数据也是具有一定价值的。

不同数据资源之间的异质性使它们比绝大多数资源更依赖于分类。尽管大数据的体量巨大，但使用者几乎不可能从中找出两份一模一样的数据。即使这两份数据在数值上是一样的，它们所处的场景、展示的内涵也不一样。例如，同样是6000千瓦时这一数据，它既可能代表某栋居民楼在整个夏天的用电量，由供电部门与物业负责收集并依此收费，也可能是某项工程里所有电动机一夜的发电量，由政府与项目负责人进行观测与调控并依此计算工程进度。企业或政府将数据资源按产生方式、持有者、隐私程度等方式分类，能更好地提高管理效率，保护数据安全，充分释放数据价值。

依据数据资源的产生方式，可以将数据资源分为公共数据资源

---

① 国家标准全文公开系统，http：//openstd. samr. gov. cn/bzgk/gb/newGbInfo？hcno = 63B89FFF7CC97EBBBED8A403396F0F00.

② 浙江省经济和信息化厅，http：//jxt. zj. gov. cn/art/2020/12/25/art_ 1657975 _ 58925615. html.

和非公共数据资源。《浙江省数字经济促进条例》对公共数据做出了界定，即"由行政机关以及具有公共事务管理和公共服务职能的组织在依法履行职责、提供公共服务过程中制作或者获取的数据资源，以及法律、法规规定纳入公共数据管理的其他数据资源"，其余机构和个人产生或获取的数据对应的数据资源即为非公共数据资源。数据资源以产生方式进行区分有助于数据权属的确定。一般而言，谁生产数据，谁就对数据拥有一定的权利。而其他组织或个人可以通过加工数据、购买数据等方式获取权利，这份权利可以是剩余的权利，也可以是被前任持有者转让的权利。

依据数据资源的隐私程度，又可将数据资源分为个人数据资源与非个人数据资源。中国信通院在《数据资产化：数据资产确认与会计计量研究报告》中提出欧盟《通用数据保护条例》等根据可识别性进行私有数据和公有数据的分类。具体到各法律法规中，根据欧盟的《通用数据保护条例》，个人数据是指已识别到的或可被识别的自然人的所有信息，其中个人敏感数据包括宗教、种族、政治观点、基因数据等。① 我国信息安全标准化技术委员会于 2017 年年底颁布的《信息安全技术个人信息安全规范》中将个人信息定义为"以电子或其他方式记录的能够单独或者与其他信息结合识别特定自然人身份或者反映特定自然人活动情况的各种信息"。② 而我国政府于 2021 年 8 月通过的《中华人民共和国个人信息保护法》中，对个人信息的定义与上述规范类似，并特别强调了"不包括匿名化处理后的信息"。③ 综上所述，本书认为如果可以通过某类数据中的信息识别到个人，那么这些数据对应的数据资源就属于个人数据资源。与个人数据资源相对应，非个人数据资源无法指向特定的个人，也因此几乎不会泄露个人信息。这种数据资源的区分方式有利

---

① 《通用数据保护条例》等，stripe，https://stripe.com/zh-cn-hk/guides/general-data-protection-regulation.

② CSDN，https://blog.csdn.net/weixin_46192679/article/details/104732428.

③ 中国政府网，http://www.gov.cn/xinwen/2021-08/20/content_5632486.htm.

于保护隐私，避免个人信息被滥用与买卖。

除了上述分类方法外，数据资源还可以根据行业、功能、地区等方式进行分类，如表 1-2 所示。数据资源分类一般是出于管理与应用的目的，没有统一的标准，可依照实际应用情况进行适当调整。

表 1-2　　　　　　　　其他数据资源分类方法

分类依据	具体内容
行业	医疗数据资源、金融数据资源、工业数据资源等
功能	学术研究、政府职能、工业制造、农业生产等
地区	亚太数据资源、欧洲数据资源、北美数据资源等
持有者	政府数据资源、社会数据资源等①

资料来源：笔者根据公开信息整理。

二　数据资源的主要性质

数据资源相比于常见的自然资源和社会资源，具有无形性与可复制性、非竞争性与弱排他性、时效性、依附性、垄断性等特性。从这些性质中，我们可以看出数据资源是如何作为一种全新且特殊的资源投入到社会生产中的。表 1-3 列示了数据资源的部分主要性质，下文将对这些性质进行详细介绍。

表 1-3　　　　　　　　数据资源的主要性质

主要性质	具体内容
无形性与可复制性	数据在使用过程中不会被消耗，可以无限制地循环使用。人们可以通过备份等方式无限次传递数据
非竞争性与弱排他性	数据资源的传输成本低，可以无限量地供应，表现出非竞争性。数据资源理论上可以由多人同时使用，但持有者或使用者也可以通过加密等方式排除他人使用，表现出弱排他性

① 中国政府网，http://www.gov.cn/zhengce/2020-04/09/content_ 5500622. htm.

续表

主要性质	具体内容
时效性	数据是随时更新的，需要进行维护与共享以充分释放数据价值
依附性	数据不能单独存在，必须依靠介质才能保存下来并发挥它的价值
垄断性	在数据密集型行业里，龙头企业可以通过数据巩固自己的垄断地位

资料来源：笔者根据公开信息整理。

（一）无形性与可复制性

中国信通院在《数据资产化：数据资产确认与会计计量研究报告》中提到数据资源具有无形性和可复制性。无形性指数据资源在脱离一切外在介质后表现出无实体形态的性质。数据资源的无形性有两种表现：第一，在没有处理和存储工具的帮助时，数据资源是没有形态的，且无形的信息正是数据资源价值的体现。第二，数据资源的无形性让其数量与价值不会随着使用而被消耗，这是数据资源与大多数自然资源最大的区别之一。可复制性指人们能备份数据，并无限循环利用同一份数据，而且数据的复制与传播几乎不需要边际成本。这种可复制性是数据共享的前提，可以让被共享的数据在与其他数据的结合中发挥更大作用。

数据资源的无形性与可复制性会带来风险，其中数据泄露是值得重点关注的风险。数据资源在被无限拷贝的过程中很有可能被泄露，进而可能造成巨大损失，甚至危害国家安全。《IBM2020数据泄露成本报告》显示，2020年数据泄露的平均总成本达386万美元。自2018年以来，泄露数额达100万条以上的大规模数据泄露的平均成本一直在增加。犯罪分子不仅可以窃取受害人的姓名、身份证号、手机号码等个人信息，还知道受害人的长相、行动路线、财产状况，然后利用这些数据取得受害者信任，诱导受害者进行转账。犯罪分子也可能将这些数据二次贩卖，造成更大损失。

（二）非竞争性与弱排他性①

经济学家萨缪尔森提出了一种公共物品理论，将社会产品分为四类：纯公共物品、纯私人物品，以及介于两者之间的准公共物品和准私人物品。该理论主要阐述了物品的两大特性：竞争性和排他性。其中竞争性与成本有关，如果一个人多提供一份某物品后会增加生产成本，那么该物品具有竞争性。排他性与物品使用权有关，如果当一个人通过购买等手段获得某物品的使用权时会阻止他人使用该物品，那么该物品具有排他性。②

数据资源的可复制性使其具有非竞争性。数据资源容易复制后传播利用，同一份数据可以被不同人通过复制拷贝的方式利用，所以数据资源具有非竞争性。数据资源的非竞争性主要来源于可复制性，且复制成本很低。可复制性促进了数据资源在不同主体间的共享，使数据资源得以被更多使用者运用，从而发挥不同的功能。

数据资源的无形性使其具有弱排他性。数据的非排他性体现在其可以被一群人在同一时间使用，这与数据的无形性有关，即数量和价值不因使用程度改变。但 Yan 和 Haksar（2019）指出数据资源在某种意义上也拥有部分排他性，企业可以通过加密数据资源、设置防火墙等技术手段将其他使用者排除在外，此时数据资源表现出一定的排他性。但这种排他性通常较弱，因为只有少部分重要的、隐私的数据资源需要加密。数据资源的弱排他性保护了用户隐私与数据安全，但也是导致数据垄断的主要原因之一。

（三）时效性

数据资源具有时效性，即数据本身的内容和价值会随时间推移而变化（李雅雄和倪杉，2017）。相较于其他资源，数据资源在不断产生与更新。如果数据资源无法反映准确的、及时的情况，就可

---

① 经济观察报，https：//baijiahao. baidu. com/s？ id ＝ 1641657125412973806&wfr ＝ spider&for ＝ pc.

② MBA 智库百科，https：//wiki. mbalib. com/wiki/% E5% 85% AC% E5% 85% B1% E7% 89% A9% E5% 93% 81.

能给出与现实相反的信息。以铁路公司为例，现实中的道路拥堵情况、天气等数据是时刻变化的，企业需要获取实时数据，以更好地调动铁路上的列车，提高整条铁路上的运行效率。而如果无法获取即时的道路数据，就有可能发出错误指令，导致车辆行程延误，甚至发生安全事故。

（四）依附性

数据资源具有依附性，即数据的存储、使用、流通等都需要借助介质来完成。[①] 不同的介质所侧重的方向也不尽相同，例如存储介质（如移动硬盘）更看重容量与安全性，流通介质（如传输声音的电话线）更看重连接的稳定性，管理介质（如数据湖）则更看重运行的效率。

（五）垄断性

垄断是人们热议的话题。我国于 2008 年颁布《中华人民共和国反垄断法》反对"具有排除、限制竞争效果的经营者集中"等各类垄断行为。[②] 那什么是数据垄断？从字面上理解，"数据垄断"可以有两种解释：一种是企业对数据资源的垄断，在即持有这些数据资源的同时让其他人无法使用；另一种是企业利用数据资源巩固自己的垄断地位，而大型企业往往会占有更多的数据资源。两种解释指向了不同的垄断途径。为了实现前一种垄断，企业可采用技术手段对数据库进行加密，或是屏蔽掉第三方爬虫软件，[③] 以实现对某类数据的加密。对此，国家互联网信息办公室曾提出质疑，认为这种数据垄断是一个"伪命题"。无论是公共数据还是私人数据，都是日常活动中产生的客观事物，在理论上任何人都可以获得；而企业生产活动产生的数据本身属于企业自己，也不存在垄断与否这一

---

① 中国资产评估协会：《资产评估专家指引第 9 号——数据资产评估》，http：//www. cas. org. cn/gztz/61936. htm.

② 中国政府网，http：//www. gov. cn/flfg/2007 - 08/30/content_ 732591. htm.

③ 经济观察报，https：//baijiahao. baidu. com/s？id = 1641657125412973806&wfr = spider&for = pc.

概念。① 而对于后一种垄断，企业更多将注意力集中在"收集"而不是"排他"上。

因此，本书认为现实中的"数据垄断"主要属于后一种解释，即大型企业通过平台优势吸纳大量数据资源以巩固自己的垄断地位。如同对外经济贸易大学数字经济与法律创新研究中心执行主任许可所说，数据不同于一般的商品，我们更应该将数据资源看成企业的投入（Input）而不是产出（Output）。② 此时，企业的壁垒主要体现在数据量和技术两方面，数据量的壁垒来源于企业的业务，技术的壁垒则来源于企业的研发投入。

【案例：互联网巨头的数据垄断】

近年来，国外对互联网巨头企业的数据资源垄断提出了诸多指控。其中，Facebook 禁止其他企业未经允许下收集自家平台上的消费者数据。Google 则要求第三方签订排他协议，防止其获取网站上的数据资源（刘志成和李清彬，2019）。这些手段进一步加剧了数据垄断，将其他企业排除在这些数据资源之外。无独有偶，在《通用数据保护条例》通过后，美国的 Facebook、Google 等企业都面临数据垄断的指控。在反垄断机构的压力下，2019 年年底美国脸书公司允许用户将照片与视频同步到其他在线服务平台。③

目前，国外政府均已注意到平台数据垄断带来的危害，并出台了一系列相关政策对数据垄断进行制约。2020 年 12 月，欧盟提议制定《数字服务法》（Digital Services Act）与《数字

---

① 中共中央网络安全和信息化委员会办公室，http：//www.cac.gov.cn/2019－08/22/c_ 1124900803.htm.

② 许可，https：//mp.weixin.qq.com/s/8l－5g－8Jj85kZ3qQwUwNRA.

③ 中国新闻网，http：//www.chinanews.com/gj/2019－12－03/9023458.shtml.

市场法》（Digital Markets Act），旨在促进数字市场的公平竞争，禁止在线平台对消费者施加不公平条件。①

三 数据资源与其他资源

本节将重点对比数据资源与石油资源等大宗商品。石油资源经常与数据资源并提，两者有哪些不同？石油资源属于大宗商品，而大宗商品是一种"可进行批量交易的原材料"，数据资源是否也拥有这种性质？

（一）数据资源与石油资源

数据被誉为"21世纪的石油"。数据资源和石油资源一样在各自的生产领域发挥着重要作用。中国网络社会组织联合会首任会长任贤良提到，过去竞争的关键是石油资源，而现在竞争的关键变成了数据资源。② 这是因为，石油资源是许多重要工业品的原料，而数据资源是信息提取的基础。在经济领域外，数据资源还是一种新型武器。我国著名军事学家张召忠（2004）就提到过信息战，人们通过分析政治、经济、文化、思想等多方面的数据，得出最有效的政策与战略，在国家竞争中占据先机。

但数据资源与石油资源在许多方面存在差异。从数量上看，石油资源具有竞争性，因此成为人们争夺的资源；数据资源则在不断地产生与更新，数量不减反增。从个体差异上看，石油资源之间几乎没有差异；数据资源有特定的使用场景，不同的数据资源隐含的信息也有所不同，比如有关身高的数据对于统计个人身体状况更有利，而与食物偏好相关性较弱。从定价上看，石油资源可按其重量、质量或份数确定价格，且石油的定价相对统一，不存在套利机

---

① 雪球网，https：//xueqiu. com/5103707054/165961682；欧盟官网，https：//ec. europa. eu/commission/presscorner/detail/en/ip_ 20_ 2347.

② 海外网，https：//baijiahao. baidu. com/s？ id ＝ 1601879551336122759&wfr ＝ spider&for ＝ pc.

会。数据资源的定价尚未有统一的方案，而且数据资源之间存在差异性，加大了数据资源的定价难度。从联动上看，石油资源如果单独开采，可能会耗费较大成本，因此经常批量处理。数据资源通常是以数据集为单位进行处理，且可以和其他数据资源结合以挖掘新的信息，[①] 比如企业某一产品的产量和销量可以结合成新的指标——产销率，以反映企业对存货的消化能力。因此，数据资源与石油资源并不能简单地混为一谈。表 1-4 总结了数据资源与石油资源主要的不同之处。

表 1-4　　　　　　　　数据资源与石油资源的区别

	数据资源	石油资源
数量	可无限增长	不可再生
个体差异	差异较大	无差异
定价	难定价	易定价
联动	数据间可产生联系从而挖掘出新价值	有规模效应

资料来源：笔者根据公开信息整理。

可见，数据资源和石油资源等既有联系又有区别，那么数据资源的管理模式是否可以参照石油资源？一个值得注意的点是，目前数据资源已经和石油资源一样，成为国与国之间最重要的竞争力之一，但数据资源至今没有统一的调控，而是被各大互联网科技企业掌握。反观绝大多数石油资源都由国家控股的企业持有，像中石油和中石化，这会带来生产上的规模效应，防止私企垄断。对于分散在各企业中的数据资源，国家接下来是作统一管理，还是交由市场竞争，这是政府值得思考的话题。

（二）数据资源与其他大宗商品

我们通常认为数据资源具有大宗商品的属性。比起商品，数据

———————

① 经济观察报，https：//baijiahao. baidu. com/s？ id = 1641657125412973806&wfr = spider&for = pc.

更像是一种原材料，类似于大宗商品。大宗商品与数据资源一样需要加工才能发挥更大价值，人们将获得的原始数据进行分析，并将分析结果投入到自己的生产活动中；而大宗商品也可通过不同方向的加工，从而生成不同类型的产品。

但目前数据资源的难交易性让它又区别于一般的大宗商品。像有色金属、农副产品之类的工农业原材料都是实体的，且可以用于现货和期货交割；但数据至今无法进行更有效的交易，也没有统一的定价体系，只有很小一部分数据可以在地区交易所中进行交易，参与交易的主体也较有限。交易性不足主要源于权属的模糊以及可能产生的法律风险，如个人信息泄露等，这意味着数据资源在目前的制度下暂时不能被看作是大宗商品。

从本节的归纳来看，数据资源的市场化力量要大于石油，但数据资源尚未能和大宗商品一样拥有完整的交易体系。因此在数字经济的大背景下，政府需要通过数据治理等一系列措施，更好地发挥数据资源的作用。这将在第三节中具体讨论。

第三节　数据成为生产要素

近年来，数据被国家认可为一种资源，再成为生产要素，是数字经济时代发展的必然结果。中国信通院在《数据价值化与数据要素市场发展报告（2021 年）》中曾提到，数据有了使用价值，便成为资源；数据资源有了经济价值，便成为生产要素。本书在此基础上认为，数据的资源属性是指数据在各类生活场景中的可利用性，属于微观范畴；而数据的要素属性则强调数据在生产活动中的经济性，属于宏观范畴。数据变成一种重要的生产要素，肯定了数据在促进生产时的重要地位，对经济发展有巨大作用。

一　新生产要素的形成与影响

数据成为生产要素是时代发展的结果。21 世纪以来，以人工智能、云计算、大数据和区块链等为代表的前沿技术的兴起标志着数字经济时代的到来。劳动者通过收集与利用数据，从数据中发掘价值并最终用于商品生产和服务提供。数据要素是数字经济时代下重要的生产工具，承认数据作为生产要素的地位对促进经济体形态向数字经济转化具有重要意义。

（一）数据被纳入生产要素

近年来，政府出台了多项政策，逐渐将数据纳入生产要素的范围。如表1-5所示，我国正大力推进数据要素市场的发展。

表1-5 数据要素相关政策文件

发布时间	文件名称	内容
2020年4月	《中共中央国务院关于构建更加完善的要素市场化配置体制机制的意见》	加快培育数据要素市场
2020年11月	《中共中央关于制定国民经济和社会发展第十四个五年规划和二〇三五年远景目标的建议》（即"十四五"规划）①	深化土地管理制度改革。推进土地、劳动力、资本、技术、数据等要素市场化改革
2021年7月	《广东省数据要素市场化配置改革行动方案》②	破除阻碍数据要素自由流通的体制机制障碍，加快培育数据要素市场，促进数据要素流通规范有序、配置高效公平，充分释放数据红利，推动数字经济创新发展

资料来源：笔者根据公开信息整理。

政府正努力促进数据要素市场化。要素市场化是指对要素进行市场交换、形成相应的价格体系，为各方统一数据管理标准提供了

---

① 中国政府网，http：//www.gov.cn/zhengce/2020-11/03/content_ 5556991.htm.

② 广东省人民政府，http：//www.gd.gov.cn/zwgk/gongbao/2021/20/content/post_ 3369676.html.

制度保障。① 其中，数据要素的权属和定价体系确立是实现市场化的关键。同时，在《中共中央国务院关于构建更加完善的要素市场化配置体制机制的意见》中，国家还对各级政府提出加快数据要素市场化的三点要求。第一，政府应促进数据流通。第二，政府要提升社会数据资源价值，培育数字化产业、推进其他产业的数字化转型。第三，政府应制定相应的数据管理制度、数据隐私保护制度和安全审查制度，即保障数据安全。

（二）数据要素推动生产力系统变革

根据马克思主义政治经济理论，生产力是多种生产资料与劳动力的结合。薛永应（1981）则提出生产力系统是多层次、多因素的有机体，宏观上包括了农业生产力、工业生产力、运输生产力等子系统。系统中的各类因素有机结合在一起，在生产中形成了生产关系，也就是再生产过程。在数据成为要素后，生产力系统中出现了新生产力，促进了再生产过程的数字化，生产力和生产关系的变化共同推动了生产力系统的变革。

数据要素使得生产力系统中产生了新生产力。在工业经济中，主要生产力是以工业原料、大型机器、交通运输工具等为主要生产资料，以工人为主要劳动力的工业生产力。而在数字经济中，大数据成为一种新的科学技术生产力（张玉坤，2020）。因此，生产力系统中新增了以数据、数字技术、数字设备等为主要生产资料，以技术人员为主要劳动力的数字生产力。在新生产力中，数据要素将始终作为核心，对经济体的产业结构、竞争格局等产生重大影响。

数据要素使再生产过程逐渐实现数字化。广义上的生产关系包括生产、分配、交换和消费四个环节，原本主要描述实体商品的再生产过程。而在数字经济中，数据要素参与到再生产过程中，令再生产过程虚拟化、高速化、精确化。韩文龙（2021）提出，再生产过程的数字化变革分别形成了数字生产力、数字流通力、数字分配

---

① 中国政府网，http://www.gov.cn/zhengce/2020-04-09/content_5500622.htm.

力和数字消费力。其中，数字生产力带动了经济高质量发展，数字流通力促进了资本周转和价值实现，数字分配力优化了收入分配结构，数字消费力推动了产业转型升级。再生产过程的数字化变革对数字经济有重要意义。

（三）数据要素推动经济增长

在技术推动下，数据要素可以成为经济增长的内生条件。在宏观经济学的内生增长模型中，技术进步作为工业经济的内部推动因素参与生产环节，能使经济在长期保持增长而不受要素边际收益递减的影响。同理，数据要素可以作为数字经济中的一种基础技术要素，提高生产效率（徐翔等，2021）。

数据要素在各个层面推动经济增长。在经济体层面，Mihet 和 Philippon（2019）指出，大数据可能会加速经济体中的小型企业向大型企业转变，技术领先企业的生产率、利润、工资更高，这也可能导致"赢者通吃"的局面。在政府层面，大数据手段在政务管理中发挥了巨大作用，很大程度上提高了政府的效率，政府未来的管理会逐步实现数字化，正如本章引入案例中的阿里云城市大脑。在企业层面，荆文君等（2019）指出数据要素参与生产时的高固定成本与低边际成本特性会形成规模经济，增加了企业的产量。数据要素还减少了一部分经济成本，具体可分为搜索成本、复制成本、运输成本、跟踪成本和核查成本（Goldfarb and Tucker，2019）。

二　以数据要素为核心的数字经济

在数据被正式纳入生产要素之后，以数据要素为核心的数字经济代表了未来经济发展的新态势。2021 年 9 月发布的《广东省数字经济促进条例》将数字经济定义为"数据资源为关键生产要素，以现代信息网络作为重要载体，以信息通信技术的有效使用作为效率提升和经济结构优化的重要推动力的一系列经济活动"。[1] 随着各国

---

　① 广东省工业和信息化厅，http://gdii. gd. gov. cn/szcy/content/post_ 3459410. html.

数据政策与立法体系逐渐构建、数据要素市场体系逐步完善、数据要素合作区①逐步建立，世界正在形成一个以互联网为纽带的"数据共同体"。

（一）数字经济的范围

我国"十四五"规划指出，加快数字化发展，就需要推动数字经济与实体经济结合，促进数字产业化和产业数字化。② 在此基础上，中国信通院发布的《中国数字经济发展白皮书（2020 年）》加入了数字化治理和数据价值化两大内容，与数字产业化、产业数字化共同构成了数字经济治理的"四化"框架。以下将以上述中国信通院的白皮书中对"四化"框架的定义详细讨论。

数字产业化是指信息通信产业，是数字经济的先导产业。信息通信产业中，与数字经济密切相关的领域包括云计算、大数据、人工智能、区块链等，并以信息与通信技术（Information and Communications Technology，ICT）为核心技术。中国信通院在《ICT 产业创新发展白皮书（2020）》中提到，ICT 的创新不仅在产业内部扩散，还对其他产业的数字化进程有推动作用。此外，互联网时代5G、云计算、区块链等技术的发展提供了更多的数据处理工具。

产业数字化是指传统第一、第二、第三产业应用数字技术以提升生产数量和生产效率。产业数字化的关键是数据推动、数据价值充分释放、数据要素在生产中的作用得以发挥。产业数字化程度可以用多个指标来计量，例如，截至 2020 年 12 月的数据显示，我国网民达 9.89 亿人，互联网普及率达 70.4%。③ 互联网的普及让传统的购物、传输、存储等应用场景逐渐实现数字化。

---

① 数据要素合作区旨在建立两地的数据流通标准、促进数字产业协同创新等，如"京津冀—粤港澳数据要素合作区"，人民网，http：//bj. people. com. cn/n2/2020/0705/c82839 - 34134201. html.

② 中国政府网，http：//www. gov. cn/zhengce/2020 - 11/03/content_ 5556991. htm.

③ 中国互联网络信息中心（CNNIC）：《中国互联网络发展状况统计报告》，https：//news. znds. com/article/52203. html.

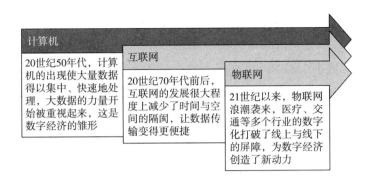

图 1-1　信息产业的三次浪潮

资料来源：人民日报理论，https：//mp. weixin. qq. com/s/seb _ cRoxEVITv _ 7bj5Wncw.

数字化治理是指政府利用数字技术优化管控措施，实现治理手段的数字化与智慧化。数字化治理的内容包括搭建管理框架、制定管理标准等，最终目的是充分释放数据资源价值。正如本章开头引入的案例阿里云城市大脑一样，政府通过将城市各类场景数字化，很大程度上提高了城市的运作效率。2020 年新冠肺炎疫情让人们对数字化治理的认识与依赖进一步提高，远程办公、疫情监控、物资分配等场景均依赖于大数据。

数据价值化是指释放数据价值的方法，如数据治理、数据交易等。无论是数字产业化、产业数字化，还是数字化治理，根本手段都是数据价值化。如何释放数据资源价值是一切制度的立足点，因此本书第二章将围绕数据资源价值及其挖掘展开分析与论述。中国信通院发布的《数据价值化与数据要素市场发展报告（2021）》点明数据价值化包括数据资源化、数据资产化、数据资本化三个步骤。目前，数据价值化还面临着数据流通、数据确权、数据管理等多个维度的问题，这些将在第三章之后中逐一讨论。

除去"四化"框架外，数字经济相关的研究还包括很多方面，例如数字经济发展水平的测度、发展趋势研判、产生的社会效应等。读者若有兴趣，可阅读曾燕等著《数字经济发展趋势与社会效应研究》（中国社会科学出版社 2021 年版）。

（二）数字经济发展的推动力

在实践中，数字经济的发展主要由技术、设施、平台三方面因素共同推动。

ICT 是数字经济发展的基础。数字经济的兴起源于计算机的出现与软硬件等应用的诞生，并随着 ICT 的发展而逐渐成熟。欧盟于 2010 年出台的《欧洲数字议程》前瞻性地预测了数字化的巨大潜力：推进数字化进程将对社会的经济、娱乐、医疗等板块产生积极影响，而欧洲要建设数字经济、实现十年发展目标，就必须依赖 ICT。[①] ICT 离不开相关人才的培养。ICT 两大特点是技术密集与更新速度快，行业壁垒明显，因此 ICT 人才市场呈现出高需求、高薪酬、高流动的局面。人才市场的活跃对数字经济的发展同样具有推动作用。

数字经济的发展离不开数字基建。中国信通院发布的《2021 年中国宽带发展白皮书》的数据显示，至 2021 年 6 月，我国的光纤接入端口为 9.2 亿个，占所有宽带接入端口的 93.5%；我国累计开通 5G 基站 96.1 万个，覆盖全国所有地级以上城市。基建的迅速扩张对推动数字经济发展起到了重要作用。

数字产业与平台也值得关注。政府正致力于促进信息安全产业、数据保险产业、商用密码产业等维护数字经济秩序。同时，政府应加强与高校的合作，培养大数据人才，制定大数据技术标准，构建技术交流平台，通过"产学研"推动数字产业化发展。

（三）数字经济面临的挑战与应对

由于数据要素的特殊性，数字经济发展过程中面临一系列挑战。各国正在努力应对这些挑战，更好地发挥数据要素的作用。

1. 数字经济发展不平衡

在经济体层面，地区间与产业间的数字经济发展仍不平衡，数

---

① 知网百科，https://xuewen.cnki.net/R2012111500000214.html.

据价值无法充分释放（曾燕等，2021）。在全球范围内，美国、德国、中国等国的数字经济规模处在领先位置，但对于一些发展中国家而言，其数字经济的发展仍受到技术、产业、资本等多方面的制约。同时，产业间也存在发展不平衡的现象，中国信通院发布的《中国数字经济发展白皮书（2021）》显示，2016—2020年我国第三产业数字经济占行业增加值比重显著高于第一、第二产业，其中2020年第三、第二、第一产业的数字经济渗透率分别为40.7%、21.0%、8.9%。产业间的数字化差异主要与技术水平、资本投入、市场需求等有关。

随着数据要素的重要性逐渐凸显，地区间与产业间的数字经济发展不平衡问题有望得到缓解。国际基金货币组织在2020年发布的《撒哈拉以南非洲——艰难的复苏之路》报告中指出在疫情期间南非各国的数字化，包括移动货币、支付、网络申报等，提高了保障体系的覆盖面和保障能力[①]，这使政府更加重视数据要素在社会治理中的作用。疫情同样缩小了数字经济规模在产业间的差异。全国社会保障基金理事会原副理事长王忠民提到，疫情减少了面对面的线下接触，各行各业更加依赖于数字化，促进了数字经济向各个产业快速渗透。[②]

2. 大型科技公司的数据垄断

在企业层面，大型科技公司的数据垄断问题未得到有效解决。大型科技公司是数字经济的主力军，它们不仅拥有更高的数字技术，而且旗下拥有众多平台，平台用户带来了流量与数据，为公司创造了价值。但公司掌握过多数据有可能破坏市场平衡，甚至形成数据垄断，带来大数据"杀熟"等一系列问题，这点在本章第二节数据资源的垄断性中已展开论述。

近年来，各国政府已经对数字经济的垄断问题提出了一系列遏

---

① 国际货币基金组织，https://www.imf.org/zh/Publications/REO/SSA/Issues/2020/10/22/regional-economic-outlook-sub-saharan-africa.

② 中国财富网，https://kuaibao.qq.com/s/20200516A0N0UD00?refer=cp_1026.

制措施。继欧盟对 Facebook 等互联网巨头开展反垄断调查后，2021年 6 月，《深圳经济特区数据条例》规定"市场主体不得通过达成垄断协议、滥用在数据要素市场的支配地位、违法实施经营者集中等方式，排除、限制竞争"①。

3. 数据确权与个人数据隐私保护

在个体层面，数据确权与个人数据隐私保护需要得到更多重视。在使用各类 App 和网站时，用户通常需要勾选隐私条款，同意将自己的个人数据提交给平台方，这种流程通常滋生了许多风险。例如，2021 年 5 月 Check Point 的一项研究显示，由于安卓应用程序错误，约 1 亿用户的个人数据被暴露，如打车应用中乘客的姓名、乘车路线、和司机的交流内容等。② 政府可能考虑到，如果严格限制企业使用消费者数据，会使企业无法充分利用数据资源的非竞争性，从而导致生产的低效率和高成本（Jones and Tonetti，2019）。但政府同样需要思考，应用程序是否有权收集用户个人数据、是否对个人数据有保护的义务，个人是否有自主选择提交数据的权利，这是保护个人隐私的重要课题。

目前多国已经制定了相关法律法规保护个人数据权利。如欧盟的《通用数据保护条例》对数据主体的权利做出了立法层面的规定，包括知情权、访问权、被遗忘权等多项权利。《中华人民共和国个人信息保护法》也在跨境个人数据流通等方面做出规定。数据确权和个人隐私保护的法律法规尽管在逐渐完善，但要形成一个完整的体系，还需要各国政府不断努力。

此外，数字经济的发展还面临更多挑战。例如，企业的数字化转型可能受到的资金和技术限制、数据资源的价值评估和定价体系等。由于篇幅有限，此处仅列举三个方面。

---

① 深圳人大网，http：//www. szrd. gov. cn/rdlv/cwhgb/index/post_ 706584. html.

② 温州网警巡查执法，https：//baijiahao. baidu. com/s？id = 1701616155030872536&wfr = spider&for = pc.

本章阅读导图

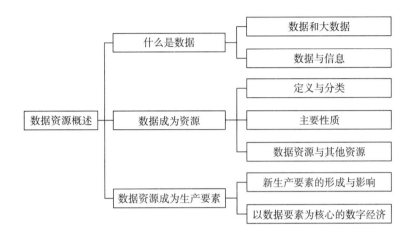

拓展阅读：数据资源与公地悲剧

公地悲剧又称"哈定悲剧"，最早由英国学者 Garrett Hadin 提出，描述的是一种公共资源带来的效益损失。当一种资源同时具有竞争性与非排他性时，每一个人对该资源的使用都有可能导致它的枯竭。公地悲剧是经济学上的重要问题，企业和个人追逐个体效益最大化的时候会对社会资源带来巨大灾难。Garrett Hadin 用一个例子讲述了这种灾难：牧羊人为了增加自己的收益达到个人最优，在明知过度放牧会损害草地的情况下依旧增加牲畜数量，一群牧羊人最终导致了草地的退化。这种个人最优导致了市场次优。①

数据资源有可能产生类似公地悲剧的效应，这点已被一些学者注意到，而华东理工大学法学院讲师、法律社会学研究中心副主任王硕也曾在《法制日报》上提到过这一观点。②尽管在局部范围内

---

① MBA 智库百科，https：//wiki. mbalib. com/wiki/% E5% 85% AC% E5% 9C% B0% E6% 82% B2% E5% 89% A7.

② 法制日报，http：//m. legalweekly. cn/whlh/2020 – 09/17/content_ 8308615. html.

数据资源本身具有无损耗性质，不会像草地一样面临衰退的状况，但从总体上看数据资源有可能会面临枯竭。上海交通大学许志伟副教授曾提出，个别企业滥用数据资源，或者疏于管理，会导致数据提供者对数据安全失去信心，进而停止提供自己的数据。当数据无法有效率地集中在一起，也就很难形成资源。①

公地悲剧产生的核心在于公共物品的权属模糊。中国社会科学院法学研究所研究员谢鸿飞（2020）将公地悲剧分为两种典型类型。第一种是"公共物"，物品名义上的所有权人为抽象主体，必须通过代理人来行使所有权，而代理人的作用缺失时，没有使用权的人便可能使用该物品。第二种是"无主物"，物品没有法律上的所有权人，而且缺少排他性，这时就容易产生公地悲剧。有些数据资源从本质上可以看作公共物，尤其是自然生产的数据，它们缺乏所有权人和代理人的管控；而有些数据资源也可以看作是无主物，非排他性使它们可以被任何人获取，不与任何人或组织产生联系。这类数据资源是公地悲剧的高发区。

政府制定相应的数据资源开放标准是防止公地悲剧产生的重要手段。以疫情管控为例，2020年新冠肺炎疫情以来，微信的"健康码"小程序可以收集公民的出行数据以配合政府的防疫政策，但这意味着政府可能需要与平台分享个人的敏感数据，这是否有泄露个人隐私的风险，进而催生了公地悲剧？为此，政府制定了《个人健康信息码》国家标准，规定健康码内的数据由相关部门掌握，禁止第三方平台留存用户数据，防范数据泄露风险，保护好个人信息。②

---

① 上海交通大学安泰经济与管理学院，https：//www. acem. sjtu. edu. cn/faculty/tea-cherview/46788. html.

② 新华社客户端，https：//baijiahao. baidu. com/s? id＝1668912883512462257&wfr＝spider&for＝pc.

第二章　数据资源价值

　　数据资源在经济发展、民生改善和国家治理等方面具有重大价值，这种价值需要经过整合、流通、分析、赋能和复用等一系列过程，在实际应用场景中释放。本章主要介绍数据资源价值的概述、挖掘和实际应用。第一节将对数据资源价值进行概述，在界定数据资源价值定义的基础上，介绍数据资源价值的构成、评价体系和主要特征。第二节讨论数据资源价值挖掘的有关问题，包括数据资源价值挖掘的定义、所需要素以及价值挖掘中存在的痛点。第三节将从数字中国的三大领域——数字经济、数字社会和数字政府三方面介绍数据资源价值的实际应用，以帮助读者理解数据资源如何在数字中国建设中释放价值。

【导读案例：释放数据资源价值
——重庆农村云大数据中心】

　　为了落实重庆市"信息化助推农业农村发展规划"，重庆市供销合作社与九次方大数据等机构合作成立了重庆农村大数据投资股份有限公司。该公司是国内首个农村大数据平台公司，围绕农业生产、农产品流通和农村金融，搭建重庆农村云大数据中心（以下简称中心），助力"三农"发展。

　　针对涉农数据分布杂乱和质量不高的问题，中心为农业管理部门和生产者提供了数据采集、存储、处理、分析与共享等全流程的数据服务。中心集成整合了重庆市农村生产、水利、气象、住房和社保等领域的基础数据，建立了涵盖当地农村自然资源、生产经营与民生保障等内容的数据资源库。中心还提供数据预处理、特征工程和模型发布应用等一系列功能。

中心通过上述环节，将分散杂乱的涉农数据变得可视、可管与可用，使其具备了可利用性和潜在价值性，成为涉农数据资源。通过深度挖掘涉农数据资源，农业管理部门可以实时监测农作物的生长情况和市场趋势，促进农产品供需的精准对接。涉农数据资源还为农村小额信贷提供了信用数据，为农业保险提供了定价和理赔依据，能够促进农村普惠金融发展。中心释放了数据资源价值，提高了重庆市农村治理能力，推动当地农业向数字化、网络化与智能化转型。①

【案例探讨】

思考：数据资源蕴含哪些价值？这些价值应该如何释放？

第一节　数据资源价值概述

目前，数字经济已成为新的经济增长极，对我国 GDP 的贡献由 2005 年的 14.2% 提升至 2020 年的 38.6%。② 随着数字经济发展，党和国家已经深刻意识到数据资源对经济增长、人民生活与国家治理的战略性价值。2019 年 10 月，《中共中央关于坚持和完善中国特色社会主义制度推进国家治理体系和治理能力现代化若干重大问题

---

① 新浪财经，https：//t. cj. sina. com. cn/articles/view/3209688312/bf4ff4f801900g0ra.
② 前瞻产业研究院，https：//www. qianzhan. com/analyst/detail/220/210519 - 39518452. html.

的决定》首次把数据纳入生产要素的范围。[①] 要提升和释放数据资源价值，我们首先应认识到数据资源的价值是什么。本节将介绍数据资源价值的定义、构成、评价体系和主要特征。

一　数据资源价值的定义

目前学者尚未对数据资源价值的定义达成共识，本书在讨论价值含义的基础上，总结数据资源价值的定义。在日常用语中，价值具有三重含义，分别是作为工具的"有用"、作为被追求对象的"美好"和作为人本身的"重要"（兰久富，2016）。在学术研究中，价值是哲学和经济学广泛讨论的命题。哲学对价值的讨论具有一般性，不仅是商品，一般物品和人本身都具有价值，而经济学侧重讨论商品在交换过程中的价值，具体如表 2 - 1 所示。在哲学中，马克思指出价值最初和最一般的含义体现为使用价值，即物的对人有用或使人愉快等特征。在经济学中，当物成为商品时，学者侧重考虑商品的交换价值。马克思指出，"商品的交换价值是一种使用价值同另一种使用价值交换的比例"，"商品的交换价值只具有量的区别"。马克思将交换价值量上的同质性归因于人类的一般劳动，人类一般劳动的凝结即为商品的价值。

表 2 - 1　　　　　　　　价值在不同学科领域的含义

学科	流派	代表学者	含义	侧重点
哲学	客观价值论	舍勒	价值是客体本身的"善"的属性，不随主体意识的改变而改变	物理主义价值论
	主观价值论	杜威	价值是主体需求的满足，由人的主观意志评判	心理主义价值论
	关系价值论	马克思	价值是客体被主体需要和主体被客体满足的主客体特定关系	主体和客体的统一

---

① 新华网客户端，https：//baijiahao. baidu. com/s？id = 1649360699750839183&wfr = spider&for = pc.

续表

学科	流派	代表学者	含义	侧重点
经济学	古典经济学	亚当·斯密	商品的价值由工资、利润、地租所构成的生产费用所决定	生产费用价值论
	马克思主义政治经济学	马克思	商品的价值是凝结在商品中无差别的人类劳动	劳动价值论
	新古典主义经济学	马歇尔	商品的价值即为商品在开放竞争市场中的价格	均衡价值论

资料来源：笔者根据公开信息整理。

　　数据资源价值适用于何种含义需要根据数据资源的本质来界定。商品同时具有价值和使用价值，两者对立统一，不可分割。但是学者在对数据资源价值的研究中，普遍强调数据资源的可利用性，即使用价值，具体如表 2 - 2 所示。中国信通院发布的《数据价值化与数据要素市场发展报告（2021）》也指出，数据资源化是使数据具有使用价值的过程，数据资源具备给使用者带来经济收益的能力。① 因此，不少学者认为数据资源的价值更符合关系价值论中价值的含义（郭明军等，2020；王楠等，2020）。基于以上分析，本书从关系价值论出发，提出数据资源价值的定义：数据资源价值是一种效益关系，在这种关系中，数据资源作为价值客体，被价值主体需要，能够在具体应用中支持价值主体的科学决策，并提高价值主体在研发、生产、运营和管理等各环节的效率。本章着重阐述数据资源的使用价值，至于数据成为商品或者资产后产生的交换价值，本书第六章将进行详细阐述。

　　二　数据资源价值的构成与评价体系

　　数据资源价值由内在价值、表征价值和应用价值构成，它们是数据资源在主体、客体和载体三个维度之间跨维流动形成的（郭明

---

　　① 中国信通院：《数据价值化与数据要素市场发展报告（2021）》，http：//www. 199it. com/archives/1253595. html.

表 2 - 2　　　　　　　　已有研究关于数据资源价值的描述

现有文献	对数据资源价值的描述
徐宗本等（2014）	大数据中蕴含巨大的商业价值、科学研究价值、社会管理与公共服务价值以及支撑科学决策的价值
杨善林和周开乐（2015）	大数据的价值在于指导管理决策的能力
焦海洋（2017）	数据的价值在于被决策者利用
王楠等（2020）	大数据的价值包括给使用者带来的各种"好处"，如提高公共管理质量、提高企业利润率、促进管理战略创新等
刘业政等（2020）	大数据中蕴含着巨大的商业价值和支持科学决策的价值
何伟（2020）	数据的潜在价值只有通过与具体业务融合，改善业务效率，才能实现

资料来源：笔者根据相关文献整理。

军等，2020）。主体指生产和使用数据资源的主体，包括政府、企业、科研机构和个人等。客体指各类形态的数据资源。载体指数据处理平台等载体平台。数据在某一维度内部的流动不能产生价值，反而会带来存储和维护等成本。例如，数据仅仅从某一主体拷贝至另一主体，从一种形态转变为另一种形态，或者从某一平台传输至另一平台，这些一维流动过程不能产生价值，只会带来清洗、转换、传输与安全维护的成本。只有发生跨维流动，数据才能产生价值（如图 2 - 1 所示）。根据数据资源的内在价值、表征价值和应用价值三种构成，我们可以构建数据资源价值的评价体系。

（一）内在价值

内在价值指数据资源自身拥有的、未经挖掘的原始价值，它在使用者获取数据资源的过程中产生。以导读案例中的重庆农村云大数据中心为例，生产、水利与气象等各部门采集得到涉农数据资源，涉农数据资源具有指导农业生产等应用潜力，这一潜力是涉农数据资源的内在价值。内在价值是数据资源的潜在可利用性，是隐性的。内在价值在数据资源经过处理、分析和应用后，以表征价值和应用价值的形式体现。

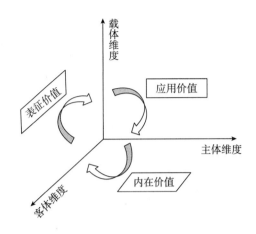

图 2 - 1 数据资源价值的构成

资料来源：笔者根据郭明军等（2020）观点绘制。

内在价值只受数据资源本身影响，不随使用者计算分析能力和应用场景的变化而改变。使用者应尽可能获取全面客观的数据资源，降低数据采集的片面性，防止给最终分析结果带来偏差，如幸存者偏差[①]和近因偏差[②]等。使用者也应该保证数据资源的时效性，使其更能满足当下使用场景的需求。

内在价值可以通过数据规模、数据成本、数据质量和数据类型等维度进行评价。规模较大的数据更有可能规避样本选择偏差，内在价值更大。但是大量无效数据的存在也会增加使用者存储、维护和处理数据的成本，降低数据资源内在价值。数据质量对于内在价值也至关重要。质量更高的数据，往往更加真实、准确、完整、有效且标准，价值密度更高，使用者能够花费有限的成本就能得到更大的价值。此外，数据类型越丰富，其对于现实情况的描述越全面，潜在利用场景越广泛，内在价值也越大。

---

① 幸存者偏差指人们过度关注"从某些经历中幸存"的人或事物，忽略那些没有幸存的（可能因为无法观察到），从而造成错误的结论。

② 近因偏差指人们在判断事物发展趋势时，会认为未来事件将会和近期体验高度类似。

（二）表征价值

表征价值指数据资源内含信息所承载的价值，是数据资源依托数据处理平台进行处理分析时产生的。例如，重庆农村云大数据平台对涉农数据资源进行处理分析，得到信息报告的过程产生表征价值。表征价值是涉农数据资源蕴含的农产品生产态势和市场运行状况等信息所承载的价值。表征价值的大小取决于信息的准确性、完整性和有效性。表征价值既可以内化为信息对使用者本身的效用，也可以外化为对外交易中需求者愿意支付给信息成果的价格。

表征价值的实现依赖数据资源的特征和使用者的计算分析能力。一方面，数据资源的特征影响其蕴含信息的有效性和新鲜度，进而影响表征价值的大小。另一方面，使用者计算分析能力影响信息挖掘的深度和完整性，进而影响数据资源表征价值的实现。使用者要提升数据资源的表征价值，就应该提升数据资源的价值密度并优化数据计算分析的模型与算法。

表征价值可以通过数据可访问性、数据鲜活性和数据关联性等维度进行评价（张驰，2018）。[1] 数据可访问性指数据被了解和利用的难易程度。一些数据资源虽然有很大的潜在价值，但是可访问性较低，使用者对其缺乏了解，难以深入挖掘其内含信息，导致这些数据资源的表征价值较低。例如，一些数字化程度较低的企业虽然存储了很多数据，但是没有建立数据目录，缺乏对自身数据的认知、管理和利用，这些数据的表征价值很低，而且会带来沉重的管理成本。数据鲜活性指数据的更新频率。数据更新越及时，其蕴含的信息越符合当下的应用场景，表征价值就越大。在数字化程度较低的时代，政府或企业获得数据的方式是人工定时核查录入，数据的更新频率较低，使用者获取信息的准确性和实时性也较低，这些数据的表征价值较低。数据关联性指不同数据资源进行共享的能

---

[1] 当然，表征价值也受到模型和算法等数据资源之外因素的影响，但我们评价的对象是数据资源，因此评价维度针对数据资源本身的特征而非外在因素。

力。数据关联性越高，不同使用者之间的信息不对称程度就越低，数据资源中蕴含的信息越丰富，表征价值就越大。

（三）应用价值

应用价值指数据资源依托数据处理平台为使用者提供服务时产生的价值。例如，涉农数据资源经过重庆农村云大数据平台处理分析，能够描述农作物的生长情况并预测市场需求，使农民精准管理农业生产，这一过程产生应用价值。数据资源的应用价值不仅包括经济价值，还包括难以用金钱衡量的社会价值与生态价值等。例如，涉农数据资源的应用价值不仅包括其给农民收入带来的增长，还包括农民生活保障的提高和农村生态环境的改善等。

应用价值的实现不仅依赖数据资源特征和使用者计算分析能力，也依赖数据资源的应用场景。同一数据资源在不同场景的应用价值可能不同。例如，农作物生产状况既可以指导农民合理安排生产，也可以作为金融机构审查农民抗风险能力的依据。再如，个人网络足迹数据既可用于精准营销，也可以用于犯罪侦查。我国侦查机关近年来通过采集与分析部分潜在高危人群的网络足迹数据，在涉稳类、涉毒类和涉众类[①]等犯罪预警方面取得了优异的成绩。[②]

应用价值可以通过数据经济性、数据响应度和数据反馈度等维度进行评价。数据经济性指数据资源在具体应用场景中创造的经济价值[③]，数据经济性越高，数据资源的应用价值越大。数据响应度指各应用环节对数据变化做出响应的速度，数据响应度越高，数据资源的应用价值越大（李晓华和王怡帆，2020）。以企业为例，当市场运行状况发生变化时，企业对数据的更新、分析和应用速度越快，就越能抢抓市场机遇，数据资源的应用价值就越大。无人驾驶

① 涉稳指可能影响社会稳定，涉毒指可能涉及毒品交易，涉众指可能危害大规模公众利益。
② 新华网，http://www.xinhuanet.com/legal/2019-07/21/c_1124778418.htm.
③ 虽然数据资源的应用价值不只经济价值，但是由于经济价值易于甄别和计量，目前学者普遍将经济价值用于数据资源价值的评价研究。

和远程医疗对数据响应度的要求更高，一秒钟的延迟响应就可能造成生命安全事故。数据反馈度指数据资源在应用过程中产生新数据的能力，使用者可以根据这些新数据评估数据应用效果并实时调整（李晓华和王怡帆，2020）。数据反馈度越高，使用者对于数据应用的把控越精细，数据资源的应用价值也越大。

　　总而言之，数据资源由主体供给客体时产生内在价值，也就是数据资源本身具有的原始价值。由客体依托载体进行处理分析时产生表征价值，即数据资源内含信息的价值。依托载体向主体提供服务时产生应用价值，即数据资源投入实际应用后，最终给使用者带来的价值。针对数据资源的内在价值、表征价值和应用价值，结合数据资源价值评价研究，我们可以总结其评价体系，如表2-3所示。

表2-3　　　　　　　　数据资源价值的构成和评价体系

价值构成	评价维度	对数据资源价值的影响
内在价值	数据规模	正向
	数据成本	负向
	数据质量	正向
	数据类型	正向
表征价值	数据可访问性	正向
	数据鲜活性	正向
	数据关联性	正向
应用价值	数据经济性	正向
	数据响应度	正向
	数据反馈度	正向

资料来源：笔者根据相关文献整理。

三　数据资源价值的主要特征

　　数据资源本身具备依附性、时效性、非竞争性和弱排他性等特征，因此数据资源价值也具有异于其他资源价值的特征。数据资源价值的主要特征包括隐匿性、波动性、衍生性和协同性。

隐匿性指数据资源的价值隐藏在海量的多维数据中，它需要经过处理、分析和应用才能被挖掘出来。从存在形式来看，数据资源表现为存储器中的二进制符号。人们无法直接通过这些二进制符号获取其中蕴含的信息，更难以直接利用它们赋能生产生活。因此，拥有数据资源只是拥有了利用其价值的潜在可能，数据资源隐匿的价值需要经历高效的处理、分析和应用才能呈现，否则数据资源就会变成"数据坟墓"[①]（徐翔等，2021）。

波动性指在同一应用场景中，数据资源价值的大小并非一成不变，而是随时间不断波动。数据资源价值的大小取决于自身蕴含的信息能在多大程度上提高经济和社会活动效率。信息的有效性会随时间改变，因此数据资源的价值也会发生波动。[②] 一方面，数据资源的价值在产生后短时间内快速提升。这是由于随着使用者对数据资源的分析和应用，数据资源的表征价值和应用价值会快速增加。另一方面，随着时间推移，数据资源蕴含的信息对当下环境的指导能力减弱，价值也逐渐下降（李晓华和王怡帆，2020）。例如，消费者在电商平台会留下搜索数据，平台利用这些数据进行用户画像并根据其个性化需求进行精准推送，短时间内数据资源的价值会快速提升。但随着时间推移，用户的消费偏好可能会发生变化，数据资源价值逐渐减弱。数据的时效性越强，价值降低的速度越快。例如，应用于用户画像的数据资源价值一般能持续几周或几个月，但是应用于交通资源调配的数据资源价值往往在几秒钟内迅速降低。值得注意的是，波动性是在同一应用场景中讨论的，应用场景的变化会使数据资源价值脱离上述波动规律，这就涉及数据资源价值的衍生性。

衍生性指数据资源可以在不同的应用场景中衍生出不同的价值，

---

① 数据坟墓指数据持有者单纯收集整理记录数据，把过多的精力放在了捕捉和存储外在的信息上，但不再回看数据，不对收集的数据进行处理和分析，霸占原始数据又不加以利用的现象。

② 罗汉堂：《理解大数据，数字时代的数据和隐私》，http://www.100ec.cn/index/detail - -6595743.html.

不局限于其初始产生的场景（徐翔等，2021）。石油等其他资源的价值与其应用场景是相对固定的。而数据资源与经济和社会活动不可分割，其应用场景可以不断丰富和创新，从而衍生出不同的价值。例如，通信运营商的数据资源除了能够优化基础设施和客户服务外，还能够在疫情期间生成"健康码"，实时记录居民活动轨迹和健康情况，有利于疫情防控。[①]

协同性指多维度数据资源发挥的共同效用大于多个单维度数据资源各自效用的加总，即数据资源价值具有"1 + 1 > 2"的协同效应。不同源头、层次与维度的数据资源存在内在联系。这些联系可以被利用，数据使用者通过关联分析可以发现新的规律（熊巧琴和汤珂，2021）。多维度数据资源的协同应用可以比多个单维度数据资源的简单叠加带来更大的价值。例如，城市交通数据资源可以和居民区用电数据资源协同，城市管理者通过分析居民区用电数据预测通勤高峰期，能够提前调配城市交通资源。数据资源的协同应用需要打破流通壁垒，畅通数据资源的开放、共享和交易路径。

第二节　数据资源价值挖掘

数据资源的价值具有隐匿性，如果不加以挖掘就如同深藏于地底的原油，难以真正发挥价值，形成"数据坟墓"。只有通过价值挖掘，数据资源才能真正发挥其作为关键生产要素的作用，提高实体经济效率和社会福利。基于此，本节将介绍如何挖掘数据资源价值，包括数据资源价值挖掘的定义、过程、所需要素和痛点。

一　数据资源价值挖掘的定义

目前已有不少研究讨论了数据资源价值挖掘。大部分研究基于价值链理论对数据资源价值挖掘进行定义，这种定义方法实际上是

---

① 搜狐网，https://www.sohu.com/a/380876614_ 99997500.

对数据资源价值挖掘过程的分解。例如，Schonberger 和 Cukier（2014）认为数据资源价值挖掘是获取数据资源、掌握专业技能并将分析结果应用于创新实践的过程；王谦和付晓东（2021）指出数据资源价值挖掘是数据采集、存储、连通、分析和开发应用的过程。还有部分定义基于资源政策视角、孵化理论和劳动价值论。表2-4详细梳理了已有研究对数据资源价值挖掘的定义。

表2-4   已有研究对数据资源价值挖掘的定义

视角	学者	定义
价值链理论	Schonberger 和 Cukier（2014）	使用者获取数据资源、掌握分析数据的专业技能并利用数据分析结果催生创新应用的过程
	陈国清等（2018）	数据资源价值挖掘包括理论范式、分析技术、资源治理和使能创新
	刘业坤等（2020）	使用者从海量数据中获得知识，基于分析与洞察，将知识发现转换为价值发现并开展有效管理决策的过程
	王谦和付晓东（2021）	数据采集、存储、连通、分析挖掘以及开发应用的过程
资源政策视角	徐宗本等（2014）	包括大数据生态系统及其开放共享机制、大数据质量与价值评估、大数据权属与隐私等方面
孵化理论	李天柱等（2016）	价值孕育、价值萌发、价值膨胀和价值突破的过程
劳动价值论	何玉长和王伟（2020）	数据融入生产劳动，作为生产成本，实现旧价值的转移，构成新产品价值的一部分的过程

资料来源：笔者根据相关文献整理。

总结已有研究，我们可以发现数据资源价值挖掘不仅包括数据采集、处理与分析这一产生价值的过程，还包括数据资源成为生产要素、参加生产劳动、发生价值转移和应用的过程（何玉长和王伟，2020）。在已有研究的基础上，本书着眼于数据资源价值的产生、转移与应用，给出数据资源价值挖掘的定义：数据资源价值挖掘指整合、融通数据资源，借助数据分析技术洞察数据资源蕴含的信息并将其应用于生产和生活的过程。

　　在进一步了解数据资源价值挖掘之前，我们有必要区分数据挖掘和数据资源价值挖掘。数据挖掘（Data Mining）指从大量数据中揭示有效的、未知的、有价值的，并最终能被使用者理解的信息的过程，也被称为基于数据库的知识发现（Knowledge Discovery in Database），是计算机学科的一个分支（朱明，2012）。数据挖掘和数据资源价值挖掘的区别主要体现在目的、过程和影响因素等方面；两者的联系体现为数据挖掘是数据资源价值挖掘的重要环节，数据挖掘得到信息的有效性和准确性影响数据资源价值挖掘的效果，具体如表 2 – 5 所示。

表 2 – 5　　　　　　数据挖掘与数据资源挖掘的区别与联系

	数据挖掘	数据资源价值挖掘
目的	从海量数据中获得有效信息	使用数据资源改善生产生活
数据的角色	劳动对象	劳动对象和劳动工具
过程	数据清洗、数据集成、数据转换、数据分析、模式评估和知识表示	数据整合、数据流通、数据分析、数据赋能和数据复用
灵活性	具有规范的科学流程，技术人员需保持学术规范性	没有严格固定的模式，可以根据具体实践灵活调整
影响因素	数据资源本身、技术人员和相应设施	除了数据资源、技术人员和设施外，还包括数据管理制度、数据要素流通与应用场景等
联系	数据挖掘是数据资源价值挖掘的重要阶段，帮助人们洞察数据蕴含的信息。但是只有将这类信息应用于生产生活，数据资源价值挖掘才能完成	

资料来源：笔者根据相关文献整理。

二　数据资源价值挖掘的过程

　　数据资源价值挖掘包括数据整合、数据流通、数据分析、数据赋能和数据复用五个阶段（尹西明等，2020），整个过程如图 2 – 2

所示。数据整合是数据资源价值挖掘的基础，数据流通拓宽了数据资源价值挖掘的边界，数据分析是数据资源价值挖掘的关键，数据赋能是数据资源价值挖掘的最终目的，数据复用是数据资源价值挖掘的强化。

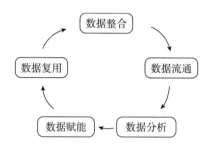

图 2-2　数据资源价值挖掘的过程

资料来源：笔者根据尹西明等（2020）绘制。

　　数据整合指通过采集、整理与聚合，将原本分散的数据片段整合为有序的数据条目的过程。[①] 数据采集是按需收集数据的过程，常用的采集手段有人工采集、传感技术、卫星遥感、系统日志和网络爬虫等。数据整理包括数据标注[②]、清洗[③]、脱敏[④]、加密[⑤]、标准化和质量监控等环节。数据整理本质上是一个熵减的过程，它能够剔除错误数据、异常数据与冗余数据等无效数据。数据整理还能够消除不同数据维度之间语义、口径与结构上的差异。数据聚合包括数据传输、存储和集成等环节。总而言之，数据整合使原始数据由混乱变得规则，成为可见、可管与可用的数据资源，是数据资源价值挖掘的基础。

---

　　① 中国信通院：《数据价值化与数据要素市场发展报告（2021）》，http：//www.199it. com/archives/1253595. html.

　　② 数据标注指对待标数据进行识别、分类、标记、编码和批注等操作，使数据在机器学习中可被识别的过程，数据标注是人工智能的基础。

　　③ 数据清洗指审查和校验数据，删除错误数据和冗余数据的过程。

　　④ 数据脱敏指按照脱敏规则对数据进行转换或修改，保护敏感隐私数据的过程。

　　⑤ 数据加密指通过加密算法和加密密钥将数据明文转变为数据密文的过程。

　　数据流通指数据资源在不同组织之间、组织内部各部门间转移和融通的过程。仅仅依靠单一来源的数据，使用者往往只能了解事物的局部特征，无法获知事物全貌（刘业坤等，2020）。使用者需要通过数据流通来拓展数据资源的来源。数据流通的方式包括数据开放、数据共享和数据交易，本书第四章将详细讲解。数据流通使数据资源价值挖掘突破组织边界，不局限于组织自身拥有的数据资源，提高了数据资源价值挖掘的潜力。数据流通还可以畅通组织之间的信息交流，降低组织之间的合作成本，发挥协同效应。例如，湖州市绿色金融综合服务平台促进金融机构、中小企业和政府相关部门之间的数据流通，推动不同部门协同服务中小企业绿色项目融资。

【案例：湖州市绿色金融综合服务平台的数据流通】

　　湖州市绿色金融综合服务平台（以下简称绿金平台）为小微企业提供绿色信贷、股权融资和绿色信用评价等金融服务，支持小微企业的绿色可持续发展。

　　绿金平台整合了小微企业的信用数据、金融机构的绿色信贷产品数据以及司法部门和担保机构的有关数据，实现了跨部门数据共享。绿金平台汇集市内全部36家商业银行300余款绿色信贷产品数据，整合了31个公共部门关于中小企业的信用数据，有助于降低银企之间的信息不对称。绿金平台引入司法数据，建立绿色金融纠纷调解中心，防范化解银企融资纠纷。绿金平台还整合企业在工商、市场监管与生态环境等部门的环境表现数据，对企业进行 ESG 评级，便于企业精准对接绿色金融产品。

　　截至2020年，绿金平台已累计帮助1.3万余家绿色小微企业获得银行授信超过1600亿元，帮助73个项目与投资机构对接，实现融资66.42亿余元。①

---

　　① 湖州市绿色金融综合服务平台，https://www.huzldt.com/.

数据分析指使用数据分析技术，提炼数据资源内部所含信息的过程。数据分析得到的信息是使用者进行决策的重要依据，数据分析结果的质量会影响数据资源价值挖掘的效果，因此数据分析是数据资源价值挖掘的关键。例如，谷歌的"谷歌流感趋势"项目曾在2008年使用用户搜索数据成功预测了流行病发展趋势，并在之后盛极一时。但是由于预测模型忽略了残差自相关和季节性特征等问题，搜索数据中的"噪声"被一次次强化，谷歌在2009年预测的发病率比美国疾控中心的真实数据高出了一倍以上。[①]

数据赋能指将从数据资源中提取出的信息应用于生产与生活，提高生产效率和生活水平的过程。数据赋能过程包括价值倍增、资源优化和投入替代三种机制。价值倍增指数据资源融入劳动、资本与技术等每个单一要素时，单一要素的生产效率会提高，其价值会倍增。资源优化指数据资源提高了劳动、资本与土地这些传统要素之间的资源配置效率。投入替代指数据要素可以用更少的物质资源创造更多的产品和服务，用更少的投入创造更高的价值。[②] 数据赋能是数据资源价值挖掘的最终目的，只有将数据资源蕴含的信息用于具体实践，数据资源的价值才能真正实现。例如，零售商"塔吉特"将女性顾客购买记录与育儿周期相结合，预测顾客购买行为并精准推送母婴用品，提高客户忠诚度。

【案例：塔吉特的数据赋能】

美国第三大零售商"塔吉特"通过分析其所有女性顾客的购买记录，识别出哪些顾客是孕妇。例如，分析结果表明在怀孕四个月左右时，女性顾客会大量购买无香味乳液。由此"塔吉特"匹配出25项与怀孕高度相关的商品，设计"怀孕预测

① 果壳网，https://www.guokr.com/article/438117/.
② 阿里研究院，https://mp.weixin.qq.com/s/VhaIbTsaFVfuMDPHvsY6KA.

指数"。推算出顾客预产期后，"塔吉特"就能抢先一步，将孕妇装、婴儿床等商品的折扣券发放给顾客，实现精准营销。"塔吉特"还创建了一套描述和预测女性顾客在怀孕期间购买行为变化的模型。不仅如此，如果顾客从"塔吉特"的店铺中购买了婴儿用品，"塔吉特"在接下来的时间里会根据婴儿的生长周期定期向这些顾客推送幼儿的相关产品，建立和客户之间的长期联系。[①]

数据复用指对数据资源进行重新利用的过程。数据资源具有无损耗性，其价值不会在一次性利用之后完全消失，人们可以对其重复利用。一方面，数据资源重复利用的边际成本几乎为零，数据复用可以实现规模效应。另一方面，人们对数据资源进行解构和重组，能够重新分析得到新的信息，实现数据资源价值的自我强化（陈冬梅等，2020）。除了在组织内部的循环利用之外，数据复用也可以通过组织间共享来实现，由不同组织进行重复利用，整合组织间信息资源，促进组织协同合作。不过，对于时效性较强的数据资源而言，其可被复用的次数是有限的。在外部环境变化较快的情境下，数据复用的有效性也可能受到影响。

总而言之，数据资源价值挖掘过程包括数据整合、数据流通、数据分析、数据赋能和数据复用五个阶段。在数据整合、数据流通、数据分析和数据复用过程中，数据资源是劳动对象；在数据赋能过程中，数据资源是劳动工具，能够发挥改善生产生活的主观能动性。此外，李天柱等（2016）提出的数据资源价值孵化模型也有利于读者了解数据资源价值挖掘的过程，有兴趣的读者可以通过知识拓展卡片进一步了解。

---

① CSDN，https：//download. csdn. net/download/weixin_ 43517933/.

【知识拓展：数据资源价值孵化模型】

李天柱等（2016）基于孵化理论提出了数据资源价值孵化模型，如图2-3所示，包括"价值孕育、价值萌发、价值膨胀、价值突破"四个过程。价值孕育是将不同主体创造的、分散杂乱的数据进行汇聚和整合的过程，这一过程为提炼有价值的信息提供了可能。价值孕育的前提是数据资源的规模足够庞大、类型足够多样和来源足够广泛。价值萌发是通过对数据资源进行分析，获取其中蕴含信息的过程。这一过程被称为"萌发"的原因是：介质中存储的数据并不能直接为人类生产和生活提供指导，使用者必须首先从中获取信息，这些信息为后续数据资源实际应用奠定了基础。价值膨胀是利用从数据资源获得的信息解决预定问题的过程，是一种常规应用。价值突破是将信息转化为知识，实现对数据资源跨领域创新应用的过程。价值突破的依据可能不是初始的数据资源，而是这一系列价值孵化过程给使用者带来的思维意识的转变。

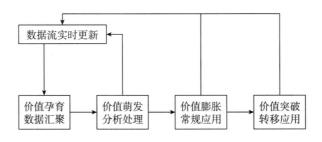

图2-3 数据资源价值孵化模型

资料来源：笔者根据李天柱等（2016）绘制。

三 数据资源价值挖掘所需的要素

本书将数据资源价值挖掘所需的要素分为内部要素和外部要素。

内部要素是组织本身具备的要素，外部要素存在于组织外部。数据资源的使用者包括政府、企业和科研机构等，为防止遗漏，本章借鉴数据管理能力成熟度评估模型①，将这些使用者统称为组织。如图 2 - 4 所示，内部要素包括数据资源价值挖掘主体、载体、客体和相关管理制度，外部要素包括数字基础设施、数据要素市场和数据应用场景。只有具备完善且高质量的数据资源价值挖掘要素，组织才能提升数据资源价值挖掘的能力。

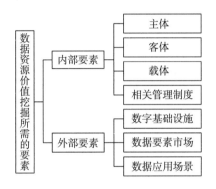

图 2 - 4　数据资源价值挖掘所需的要素

资料来源：笔者根据公开信息绘制。

（一）内部要素

内部要素是组织自身具备的要素，包括数据资源价值挖掘的主体、客体、载体和相关管理制度。主体的能力、客体的价值、载体的服务效率和管理制度的完善程度都会影响数据资源价值挖掘的效果。

数据资源价值挖掘的主体包括决策者、管理者、开发者、维护者和应用者。决策者负责制定数据价值战略，管理者负责数据资源

---

① 数据管理能力成熟度评估模型（Data Management Capability Maturity Assessment Model，DCMM）是我国数据管理领域首个国家标准，编号 GB/T 36073 - 2018。全国 DC-MM 符合性评估公共服务平台，http：//www. dcmm. org. cn/.

价值挖掘的整体运营，开发者、维护者和应用者分别负责数据开发、维护和应用。数据资源价值挖掘的主体不仅要掌握系统设计和程序开发等数字能力，也应具备一定的项目管理等商业知识。各主体的具体职责和能力要求如表2-6所示。

表2-6　　　　数据资源价值挖掘主体的职责和能力要求

主体	具体职责	能力要求
决策者	制定并领导数据价值战略，解决相关重大问题	熟悉组织行为学相关知识，具备团队管理、商业分析和数据规划能力
管理者	牵头制定数据资源价值挖掘工作的政策、流程和标准，协调整体运营	熟悉项目管理、关联管理和质量管理，具备项目规划、风险管理与协调能力
开发者	负责数据开发和数据分析	熟悉数据管理技术，具备系统设计、技术开发、算法研发、建模和测试能力
维护者	维护数据资源质量、标准和安全	熟悉操作系统、网络和应用架构，具备质量管理、过程控制和数据库维护能力
应用者	负责数据资源的具体应用，并反馈应用效果	熟悉数据处理、业务流程、技术知识，具备产品应用和数据分析能力

资料来源：中国信通院：《数据资产管理实践白皮书（4.0）》，http：//www. caict. ac. cn/kxyj/qwfb/bps/201906/t20190604_ 200629. htm.

　　数据资源价值挖掘的客体是数据资源本身。数据资源本身的特征决定了其中蕴含信息的有效性和挖掘的成本，进而影响数据资源价值挖掘的效果。本章第一节已经介绍了数据资源的质量、规模、成本、类型与可访问性等特征对数据资源价值的影响。目前，随着卫星遥感、传感技术、系统日志和网络爬虫等数据采集技术的普及，数据资源的规模、类型、可访问性和鲜活性不断提升，其中蕴含的价值不断增大。据国际数据公司预测，2025年全球每年产生的数据将从2018年的33ZB增长到175ZB。[①] 但是数据流通不畅等制

———————————

　　① 中国信通院：《数据价值化与数据要素市场发展报告（2021）》，http：//www. 199it. com/archives/1253595. html.

度问题仍制约数据资源的共享协同，数据资源的价值难以实现最大化。

　　数据资源价值挖掘的载体指数据管理平台和相关硬件设备。数据资源价值挖掘贯穿数据采集、存储、分析和传输等环节，数据管理平台和硬件设备应能满足上述所有环节的需求。一方面，组织应该搭建数据管理平台，统一采集并集中管理其数据资源，提供各环节的解决方案。统一的数据管理平台改变了部门间数据独立存储和独立维护的做法，能够联通部门间的数据孤岛①，促进部门协同合作。下文财政厅大数据融合中心的案例介绍了财政部门数据管理平台的业务结构和运行逻辑。另一方面，组织应该拥有完善的硬件设备。硬件设备应该具有较强的存储、传输和运算能力，提升对大规模数据频繁存取、交换、调用和运行的速度。此外，硬件设备应该具有较低的能耗，减少庞大数据量和频繁运算带来的成本。

【案例：财政厅大数据融合中心】

　　京东数科设计了财政厅大数据融合中心，对财政厅数据资源进行统一管理与应用，该中心的运行逻辑如图2-5所示。最底层是数据层，整合来自财政厅内部、其他政府部门与互联网的数据资源。中间层是数据资源存储与分析系统，是中心的关键支撑机制，提供数据存储、处理与分析功能。最外层是应用层，财政厅可以在部门内部、政府其他部门和面向公众提供实际应用方案。在实际应用中产生的新数据资源将被传输回数据层并继续参与价值挖掘。

---

　　① 数据孤岛指企业发展到一定阶段会设置多个事业部，事业部之间的数据往往都各自存储、各自定义。每个事业部的数据就像一个个孤岛一样无法（或者极其困难）和企业内部的其他数据进行连接互动。

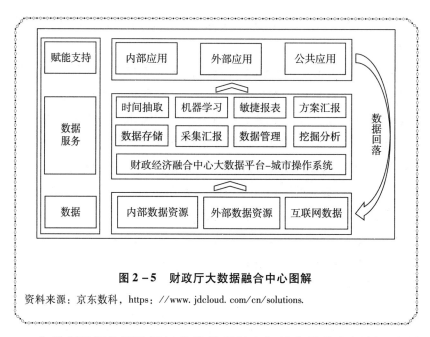

图 2-5　财政厅大数据融合中心图解

资料来源：京东数科，https://www.jdcloud.com/cn/solutions.

与数据资源价值挖掘相关的管理制度包括内部共享机制、应用能力和安全管理水平。[1] 第一，内部共享机制指组织内部各部门之间数据资源互联互通的相关制度、标准、技术和环境。成熟的内部共享机制能够提升组织部门间数据融通的能力。第二，应用能力包括数据分析能力、开放共享能力和数据服务质量。数据分析能力会影响组织制定决策和创造价值的方式。数据开放共享是实现数据跨组织、跨行业流转的重要前提，也是数据资源价值最大化的基础。数据服务是数据资源价值实现最直接的手段，良好的数据服务对内可以提升组织的效益，对外可以更好地服务公众和社会。第三，安全管理指对数据资源在组织内部流通的各个环节进行监控，保证数据安全，预防潜在风险，是数据资源价值挖掘的基础保障。

（二）外部要素

外部要素包括数字基础设施、数据要素市场和数据应用场景。如果外部要素较为完善和成熟，那么数据资源价值挖掘将更加充分。

---

[1]　中国国家标准：《数据管理能力成熟度评估模型》，http://www.dcmm.org.cn/.

数字基础设施增强了数据资源价值挖掘和广泛应用的能力。和传统基础设施一样，数字基础设施具备基础性、公共性和外部性，但是两者在服务对象、技术经济特征和应用场景中有较大区别，如表2－7所示。作为新型基础设施，数字基础设施包括网络通信层（包括5G网络、IPv6和信息高速公路等）、存储计算层（包括数据中心和云计算平台等）和融合应用层（包括工业互联网和物联网等）三个层次。[①] 完善的数字基础设施能够支持数据采集、存储、传输、计算和应用等环节，推动数据资源的广泛应用。例如，为了促进数字基础设施的建设和相关技术能力的革新，上海市2021年11月25日通过的《上海市数据条例》鼓励建设重点领域产业大数据枢纽，融合数据、算法、算力，建设综合性创新平台和行业数据中心，并推动国家和地方大数据实验室、产业创新中心、技术创新中心、工程研究中心、企业技术中心以及研发与转化功能型平台、新型研发组织等建设。[②]

表2－7　　　　数字基础设施和传统基础设施的区别

	数字基础设施	传统基础设施
服务对象	面向数字社会，提供无形的数据资源，支持比特和算力的流通与应用	面向工业社会，提供有形的资源，支持原子和能源的流通与应用
技术经济特征	技术和数据密集型，技术迭代快，竞争激烈，边际产出效益高	资本密集型，技术进步空间小，自然垄断，边际产出效益呈下降趋势
应用场景	应用于网络化、数字化、智慧化转型发展，催生新产业和新模式，满足新型消费需求	支持城镇化和工业化发展，应用于农业、商贸、物流和制造业等传统产业，应用场景得到充分挖掘

资料来源：工信安全智库，https://www.sohu.com/a/396631549_407401.

[①] 工信安全智库：《我国数字基础设施建设现状及推进措施研究》，https://www.sohu.com/a/396631549_407401.

[②] 上海市人民政府，https://www.shanghai.gov.cn/nw12344/20211129/a1a38c3dfe8b4f8f8fcba5e79fbe9251.html.

　　数据要素市场拓宽了数据资源价值挖掘的边界，是实现数据资源价值最大化的关键。相比自行投资设施和组建团队，组织从数据要素市场购买专业的数据产品和服务更能够实现专业化分工。除了购买数据产品和服务外，组织也可以通过出售数据产品和服务，实现价值变现。例如，《上海市数据条例》提出建设数据交易市场，为数据交易提供数据资产、数据合规性、数据质量等第三方评估以及交易撮合、交易代理、专业咨询、数据经纪、数据交付等专业服务。此外，成熟的数据要素市场也可设计数据抵押票据、数据收益权证券等金融产品，实现数据价值化。例如，2021 年 7 月 5 日，广东省率先印发了《广东省数据要素市场化配置改革行动方案》，支持深圳市数据立法，推进数据权益资产化与监管试点，并开展公共数据资产凭证试点，激发数据流转活力。[①] 成熟的数据要素市场使数据资源的价值不受组织边界的限制，能够提高数据资源互联互通和价值变现的能力。培育成熟的数据要素市场的前提是建立完善的数据要素市场制度。数据要素市场制度包括产权制度、定价制度、竞争制度、交易制度和安全制度等（何玉长和王伟，2021），本书之后的章节将重点介绍这部分内容。《广东省数据要素市场化配置改革行动方案》也做出了健全数据市场定价机制，建立数据产权制度，研究制定数据交易监管制度、互通规则和惩罚措施，健全投诉举报查处机制与开展跨境数据流通审查评估与监管工作等规划。

　　数据应用场景提供了数据资源价值实现的空间。虽然数据资源的形态是抽象的，但数据资源的价值是具体的（何伟，2020），只有在具体的应用场景中才会实现。例如，人类基因数据资源在医疗场景中可以用于遗传疾病预防和诊疗，在治安场景中可以用于犯罪嫌疑人追踪，在科研场景中可以用于人口学研究等。产业数字化的发展为数据资源提供丰富多样的应用场景，看似没有价值的数据和实体经济场景融合，催生了智慧物流、智慧交通、新零售等一系列

---

　　① 广东省人民政府，http：//zfsg. gd. cn/zwgk/wjk/content/post_ 3342669. html.

经济形态，数据资源的价值将在"数实共生"① 中得以实现和增强。例如，《广东省数据要素市场化配置改革行动方案》提出要支持构建农业、工业、交通、教育、就业、卫生健康、社会保障、文化旅游、城市管理、基层社会治理、公共资源交易等领域数据开发利用场景。

四 数据资源价值挖掘的痛点

并非所有组织都具备完善且高质量的数据资源价值挖掘所需的要素，不少组织数据资源价值挖掘能力较弱。例如，埃森哲对企业高管的调查显示，仅有 6% 的受访企业基于成熟的数据资源价值挖掘实现了卓越的财务业绩。② 本小节主要介绍数据资源价值挖掘中的五大痛点。

第一，数据资源规模受限，质量不高。由于卫星遥感和射频技术等数据采集技术尚未完全普及，传统工业企业的数据资源规模受限。传统工业企业，尤其是传统中小工业企业，数字化和自动化水平不高，数据采集能力弱。由于部分设备数据接口不开放或者协议标准不统一，企业即使部署了自动化工业设备，也难以采集或解析设备运行数据。因此传统工业企业的数据规模受限制，企业难以真正挖掘工业大数据的价值。除了数据资源规模的限制外，数据资源质量较低也阻碍数据资源价值挖掘。数据质量低主要是由于数据采集入口多且杂和采用标准不一致等，这提高了数据清洗、核对和标注的成本，而且可能降低数据决策分析结果的可靠性。中国信通院发布的《数据资产管理实践白皮书（4.0）》显示，大部分企业数据资源质量不高，数据分析人员 80% 的精力都耗费在数据准备上，质量不良的数据资源会额外花费企业 15%—25% 的成本。③

---

① 数实共生指数字技术和实体经济深度融合，相辅相成，相互促进，一体化发展。腾讯研究院：《未来经济白皮书 2021》，https：//new. qq. com/omn/20210203/20210203A08VYT00. html.

② 埃森哲，https：//mp. weixin. qq. com/s/Kerb_ u5LgmY2aFldh－RIrQ.

③ 安全内参，https：//www. secrss. com/articles/11176.

第二，数据资源价值挖掘缺乏数字人才，尤其是先进创新型和高端管理型人才。2015—2019 年，人工智能和大数据的人才需求量增加了 11 倍。[①] 据预测，到 2025 年，核心数字人才缺口将达 230 万人。[②] 数字人才的缺口不仅体现在总量上，也体现在结构上。清华经管学院调查发现，我国数字人才在不同区域、行业、职能、学历和职位中的分布存在明显的差异性。[③] 从区域分布来看，我国数字人才主要集中于上海、北京、深圳、广州和杭州等数字经济发达地区。从行业分布来看，46.6% 的数字人才分布于 ICT 行业，20.9% 的数字人才分布于制造业，金融业和消费品行业的数字人才分别占比 6.8% 和 6.6%。从职能分布来看，85% 以上的数字人才分布在产品研发类岗位，而深度分析与先进制造等岗位的数字人才加起来也只有不到 5%，这反映出先进创新型人才严重不足。从学历分布来看，只有 2.5% 的数字人才拥有博士学历或 MBA 背景，这反映出先进创新型和高端管理型人才较为稀缺。从职位分布来看，54.92% 的数字人才位于初级职能岗位，28.17% 的数字人才位于高级职能岗位，总体较为均衡，但是总监及以上职位的数字人才占比 4.02%，仍有提升空间。总而言之，数字人才总体供不应求，区域和行业分布不均衡，先进创新型和高端管理型数字人才不足，这将导致不同组织间数据资源价值挖掘的能力差异日渐凸显。

第三，数据资源价值挖掘成本高、风险大，部分企业数字化转型进程慢。数据资源价值挖掘是一项庞大复杂的工程，需要持续不断的资金投入。传统工业企业需要部署一系列数据采集、存储和管理的设施，其相比 ICT 企业的资金投入需求更大。例如，美的集团数字化转型投入 8 年总计超过 100 亿元。[④] 众多企业缺乏

---

① 澎湃网，https://www.thepaper.cn/newsDetail_ forward_ 7449591.

② 赛迪智库，https://www.thepaper.cn/newsDetail_ forward_ 4520721.

③ 清华经管学院：《中国经济的数字化转型：人才与就业》，http://cidg.sem.tsinghua.edu.cn/details/achdetails.html? id＝130.

④ 前瞻网，https://t.qianzhan.com/daka/detail/210215－6c8652dc.html.

足够的资金储备，尤其是中小微企业难以承担高额的投入。此外，数据资源价值挖掘的投资回报难以量化且面临巨大风险。海德思哲 2020 年的调研发现，40% 的企业能在数据资源价值挖掘中取得初步成效，24% 的企业处于规划和尝试阶段，20% 的企业正在持续探索和试错，最后仅有 16% 的企业取得数据资源价值挖掘的成功。[①] 成本高和风险大导致我国企业数字化转型的进程较慢。《中国产业数字化报告（2020）》显示，我国企业数字化转型进程较慢、实际投资规模较低，近 70% 的企业投资规模低于年销售额的 3%，仅有 14% 的企业投入年销售额 5% 以上的资金进行数字化转型。[②] 而在开展数据资源价值挖掘相关投资的企业中，大部分企业停留在周期较短且风险低的项目上，对于创新性强而风险高的项目投资较少。根据《中国企业数字化转型研究报告（2020）》，近 70% 企业的数字化项目实施周期集中在 0.5—1.5 年，而项目周期超过 2.5 年的企业不足 5%。[③]

第四，数据资源管理落后导致数据资源价值挖掘缺乏制度保障。中国信通院指出，目前大部分组织没有针对数据资源进行有效管理与应用，也没有找到释放数据资源价值的最优路径。[④] 一方面，部分组织的数据管理手段落后，缺乏统一的数据视图和数据管理平台，业务人员无法及时感知到数据的分布与更新情况，无法快速识别有价值的数据。各部门数据独立存储并独立管理，企业部门间数据孤岛问题普遍。中国信通院发布的《数据资产管理实践白皮书（4.0）》显示，98% 的企业存在数据孤岛问题，企业对自身可用的数据资源缺乏全面了解，不同部门之间的数据资源难以协同。另一

① 海德思哲：《从蓝图到伟业：中国企业数字化转型的思考与行动》，https://mp. weixin. qq. com/s/JeL11TEtvVvDDKJNMY0TqA.

② 国家信息中心，https://mp. weixin. qq. com/s/2PUjTg‑lB53MDqR_ 6BwUjQ.

③ 清华大学全球产业研究院，http://www. clii. com. cn/lhrh/hyxx/202101/t20210113_ 3947977. html.

④ 国家工业信息安全发展研究中心：《中国要素市场化发展报告（2020—2021）》，http://www. cbdio. com/BigData/2021‑05/07/content_ 6164587. htm.

方面，部分组织的数据安全管理不成熟。根据数据泄露水平指数的统计，自 2013 年以来全球数据泄露量高达 130 多亿条。数据安全管理不成熟打击了数据共享的积极性，难以最大化数据资源价值。工业互联网产业联盟在 2020 年 3 月对工业大数据利用与管理的调查结果显示，86% 的企业认为担忧商业机密泄露是阻碍其共享工业数据资源的主要原因，33% 的企业担心数据共享会使其丧失对数据资源的控制权从而失去信息优势（何伟，2020）。

第五，数据要素市场不健全导致数据资源价值难以实现最大化。数据要素市场不健全阻碍了组织获取外部数据资源的渠道，也使数据资源管理能力不足的组织难以获取专业解决方案。一是数据要素市场制度不完善。数据要素市场制度不完善的根源是数据产权不明确（徐翔等，2021）。数据产权不明确导致数据资源的劳动价值归属难以确定，各主体的权利义务边界也不明确。这引致数据资源的定价、产品标准、利益分配机制、市场竞争机制、交易规则和使用规范难以落实。二是数据要素市场交易存在短期性。由于市场交易制度尚不完善，加之人们缺乏数据市场化交易的意识，现行数据交易多是短期的。短期交易供求关系不稳定，交易程序不规范，助长了市场投机和欺诈行为（何玉长和王伟，2021）。三是数据要素市场存在垄断现象。数据要素市场的先行者凭借丰富的数据资源抢占数据要素市场份额，不断扩张生态并建立壁垒，获得了垄断地位。数据要素市场的垄断现象不仅会降低资源配置效率，阻碍要素自由流动，还会造成数据安全风险过于集中。四是数据要素市场存在风险性，交易双方的信任机制薄弱。一方面，数据要素市场尚未建立完善的质量检验标准和制度，数据产品和服务良莠不齐，因此买方难以预先判断其价值。另一方面，数据资源容易被复制和传播，买方购买数据产品后可能进行二次出售，从而损害卖方权利。

第三节　数据资源价值的实际应用

数据资源价值的最终实现离不开实际应用场景。中共中央、国务院于 2020 年 4 月发布的《中共中央、国务院关于构建更加完善的要素市场化配置体制机制的意见》指出，要构建农业、工业、交通、教育与城市管理等领域的数据应用场景。全国"两会"于 2021 年 3 月发布的《中华人民共和国国民经济和社会发展第十四个五年规划和 2035 年远景目标纲要》（以下简称《"十四五"规划纲要》）也指出，要加快数字化发展，推进数字经济、数字社会和数字政府建设。[①] 本节分别从数字经济、数字社会和数字政府三个方面介绍数据资源价值的实际应用。由于数据资源价值的实际应用场景难以穷举，本节只能展示部分典型场景。

数字经济、数字社会和数字政府三者互为支撑、彼此渗透、相互交融，共同构成数字中国的发展生态。清华大学国家治理研究院副院长张小劲表示，数字经济强调数字产业化和产业数字化；数字社会强调公共服务和城乡社会管理的智能化与精细化；数字政府强调使用数字化手段提高政府治理效能。数据资源是建设数字中国的关键驱动力，数据资源的价值在数字经济、数字社会和数字政府的建设中得到充分释放。

一　数字经济领域的应用

《"十四五"规划纲要》指出，发展数字经济要利用海量的数据资源和丰富的应用场景，促进数字技术与实体经济深度融合，赋能传统产业转型升级，催生新产业新业态新模式，壮大经济发展新引擎。在数字经济领域，数据资源的价值主要体现在促进数字产业化

---

① 新华网，http://www.xinhuanet.com/politics/2021lh/2021 – 03/13/c _ 1127205564. htm.

发展和产业数字化建设上。

数据资源能促进数字产业化发展。伴随着数据资源的广泛应用，我国已形成覆盖数据采集、数据存储、数据加工、数据流通、数据分析、数据应用和生态保障七大环节的数据要素产业生态。据国家工信安全中心测算，2020 年我国数据要素市场规模达到 545 亿元，"十三五"时期市场规模复合增速超过 30%，预计"十四五"时期数据要素市场规模将突破 1749 亿元。[①] 随着数据要素市场的兴起，人工智能等数字技术和 5G 基站、IPv6 网络等数字基础设施产业也迅速发展，数字产业化得到推动。2020 年，我国数字产业化市场规模已达到 7.5 万亿元，其高端就业吸纳能力较强，就业人员平均月薪 9211.9 元。[②]

数据资源能推动产业数字化建设。传统产业逐渐重视数据资源的战略价值，开展产业数字化转型，2020 年，我国产业数字化市场规模达 31.7 万亿元，占数字经济比重由 2015 年的 74.3% 提升至 2020 年的 80.9%，成为数字经济的强劲增长极。[③] 第一，数据资源推动传统农业数字化、信息化发展。农业生产者利用卫星遥感和传感技术等方式，实时监测水质、土壤和作物生长等数据资源，预测作物生长周期，对农业生产实行精细化管理，提升作物产量和市场竞争力。此外，农业生产者还可以利用农业电商平台积累的数据资源预测市场需求，管理农产品价格风险并增强营销能力。数据资源还催生了创意农业、认养农业、观光农业和都市农业等新业态。第二，数据资源赋能传统工业数字化转型。数据资源可以用来改善生产制造流程，助力产品质量诊断与预测、工艺流程改进和生产计划安排。例如，航天电器对设备、工艺、检测等数据进行关联分析，

[①] 国家工业信息安全发展研究中心：《中国要素市场化发展报告（2020—2021）》，http://www.cbdio.com/BigData/2021-05/07/content_6164587.htm.

[②] 前瞻产业研究院，https://www.qianzhan.com/analyst/detail/220/210519-39518452.html.

[③] 前瞻产业研究院，https://www.qianzhan.com/analyst/detail/220/210519-39518452.html.

改善生产工艺,使不良品率降低 56%;中国石化对 4600 批次原油进行分析建模,优化工艺操作参数,使汽油提取率提高 0.22%。[①]数据资源还能促进组织形态优化。各企业之间数据资源的整合能够实现信息精准对接,催生数字产业中台等新的组织形态。数字产业中台实现供应商、制造商、经销商和客户间"点对点"式的交互,在很大程度上降低了交易搜寻成本和撮合成本,整合产业价值链(王谦和付晓东,2021)。第三,数据资源推动传统服务业创新发展。数据资源反映了客户个性化需求,企业能够根据客户偏好,以需求为导向进行产品和服务创新。企业的商业逻辑由传统的 B2C 模式转变为 C2B 模式,真正实现了以客户为中心。传统金融、零售和旅游等服务业已演变为数字金融、新零售和在线旅游等新型服务业。下文的案例介绍了水滴公司如何利用其积累的数据资源进行产品创新和服务创新,探索发展保险科技。

【案例:大数据赋能保险科技】

水滴公司(以下简称水滴)依靠大数据不断探索保险科技,获得 2020 年"最佳保险科技数据中台"奖项。水滴通过与第三方公司合作,在确保数据合规使用和保证用户隐私的前提下,建立了涵盖用户健康数据、保险数据和医疗数据三大类别的数据库系统。截至 2020 年,水滴医疗数据覆盖全国 26 个省,包括诊疗数据 5 万余条,手术数据 1.7 万余条,药品数据 20 万余条,医疗机构数据 40 万余条以及医保数据 3000 万余条等。

基于这三大数据库,水滴形成了完善的用户画像,能够精准捕捉用户需求,实现产品创新、精准营销与智能理赔。在产

---

① 中国信通院,https://mp.weixin.qq.com/s/mwz8grBZZGC3XHn_hhwzIQ.

品创新环节，水滴旗下的水滴保险商城通过对用户健康数据与理赔数据等进行分析，联合保险公司推出了国内首款专门针对60—80岁老年群体的百万医疗险。水滴后续也陆续推出了针对甲状腺疾病、糖尿病与高血压等患者群体的保险产品。在保险营销环节，水滴基于用户画像属性，通过推荐算法智能推送合适的保险产品。在理赔环节，水滴建立智能理赔系统，根据大量的历史赔付数据，进行模型测算后自动给出赔付结论，智能理赔准确率已经超过99.7%。[①]

二 数字社会领域的应用

《"十四五"规划纲要》指出，建设数字社会要适应数字技术全面融入社会交往和日常生活的趋势，促进公共服务和社会运行方式创新，构筑全民畅享的数字美好生活。在数字社会领域，数据资源的价值体现在数字公共服务、智慧城市管理和数字乡村建设等方面。

数据资源能提高教育、医疗、社保、就业和住房等公共民生服务的数字化水平。在教育方面，教育数据资源可以用来构建学生行为模型，分析学生学习行为和个性化需求，为学生自我监督和教师教学安排提供更精细化、个性化的服务。在医疗方面，医疗数据资源可应用于病因分析、用药分析、诊断辅助、疾病预防和治疗管理等。在社保方面，社保数据资源助力社保资源科学配置和社保反欺诈监管等。下文将通过东软大数据社保解决方案的案例介绍社保数据资源在养老保险、失业保险和医保反欺诈场景的应用。此外，数据资源在其他公共服务中也有广泛应用，感兴趣的读者可以自行进一步了解。

---

① 360资讯，https://www.360kuai.com/pc/9c541cd30cb912a79？cota=3&kuai_ so=1&sign=360_ 7bc3b157.

【案例：大数据赋能社会保障】

东软大数据（以下简称东软）为近7亿国民的社保业务提供强大的数字化服务，为人社部门提供数据分析能力支持，提高其决策科学性，也提升了社保业务的处理速度，为群众提供了更优质的社保服务。

在养老保险方面，东软构建养老保险基金收入支出测算模型。该模型针对城镇居民的养老金征缴和发放问题，基于养老基金历史收支数据和城镇人口演化数据，分析影响职工养老基金的各种因素，并模拟延迟退休和费率改革等政策因素给模型带来的影响，为养老基金管理提供决策依据。

在医疗保险方面，东软智能识别医保欺诈行为。东软基于社保卡使用轨迹和活动范围、社保卡使用频率、持有人的人际关联等数据，构建智能反欺诈模型，自动识别医保欺诈行为，辅助监管部门工作。

在失业保险方面，东软通过对当前失业人群和在职就业人群的特征分析，构建失业风险模型，定位高失业风险人群，在其失业之前提供提示预警和就业疏导，失业后更精准推送岗位建议，以降低失业对个人和社会带来的不良影响。[①]

数据资源能提升城市管理和城市生活的智慧化水平。随着城镇化的提升和超大城市的发展，交通拥挤、环境污染和治安隐患等城市管理问题频发。而城市运行中产生的海量数据资源可以应用于智慧交通、智慧电网、智慧安防和智慧社区等智慧城市建设，提高城市资源调配效率，及时预警城市治安风险，提高城市管理能力。数

---

① Intel，https：//www. intel. cn/content/www/cn/zh/analytics/neusoft – social – security – casestudy. html.

据资源还能应用于城市生活的方方面面，形成在线购物、共享出行、居家办公、居家教育、在线公益、智慧家居、智慧家庭医生等新型生活方式，优化城市生活品质。智慧城市不仅"智能"，而且"低碳"。根据国际能源署估计，到 2040 年，智能恒温器和智能照明的应用可以把城市住宅和商业建筑的用电量降低 10%，累计节省用电 65 皮瓦时（PWh）。根据艾瑞咨询的研究，在每年 1 万—2 万千米的行驶范围内，共享单车相比汽车可减少 1.64—3.38 吨碳排放量。[①]

数据资源能促进数字乡村建设。2019 年 5 月，中共中央、国务院出台了《数字乡村发展战略纲要》，指出要繁荣发展乡村网络文化、深化信息惠民服务和大力建设智慧绿色乡村等。[②] 数据资源可以应用于村落文化保护、融媒体建设、教育和医疗资源共享与平安和谐乡村建设等方面。此外，数据资源可以助力建设智慧绿色乡村。山水林田湖草等生态数据资源能够反映生态环境的真实情况，提高生态风险预警能力，并提供生态修复辅助方案。下文的案例介绍了蒙草生态使用生态数据资源探索草原修复路径的经验。

> **【案例：生态数据资源助力内蒙古草原修复】**
>
> 蒙草生态是一家利用大数据技术进行草原生态修复的企业。它依托丰富的植物种质资源储备，在生态大数据平台的辅助下，制订精细化的生态修复方案。
>
> 蒙草生态建立了丰富的生态大数据平台，收录植物种质资源近 2000 余种、植物标本 3 万余份、土样 40 万余份，储存各地水、土、气、草、畜等生态基础数据多达几十万条。其中，160 余种乡土植物已经囊括到各生态类型区的生态修复项目中。

---

① 数字经济与商业模式，https://mp.weixin.qq.com/s/otqeoWskku0iFoEuuVELKA.
② 中国政府网，http://www.gov.cn/zhengce/2019 – 05/16/content_ 5392269.htm.

蒙草生态的修复模式是"尊重自然规律，应用数据模拟，进行人工干预下的自然修复"。修复专家们首先从生态大数据平台中调取该地区的生态环境数据，追溯20年至50年前当地的原生植物群落，探寻生态演变规律，再选择适合该地区生长的乡土植物，进行科学的建植和管理。蒙草生态可以提供实时监控、实时修复，防止生态再次退化。

蒙草生态的呼和塔拉草原修复项目经过3年时间，已经从2000亩的试验田推广到20000亩的系统化修复。修复后的呼和塔拉草原上，植物从20余种恢复到50多种，干草产量、年固碳量、年释氧量等关键监测数据总体提高了近12倍。[①]

三　数字政府领域的应用

《"十四五"规划纲要》指出，建立数字政府指将数字技术广泛应用于政府管理服务，推动政府治理流程再造和模式优化，提高政府决策科学性和服务效率。在数字政府领域，数据资源的价值体现为提升政府治理能力。经济合作与发展组织（OECD）提出了"数据驱动的公共部门"（Data‒Driven Public Sector，DDPS）政府模式。[②] 基于DDPS模式，数据资源可以在以下三个过程提升政府治理能力：预测和计划、输出和实施、评估和监督，如图2‒6所示。

在预测和计划过程，数据资源能助力政府科学决策。数据资源能够真实反映经济和社会的运行状况并预测未来趋势，为政府提供决策依据，使其由经验决策转向科学决策。例如，政府能够根据物价、社会融资规模和就业等经济数据资源描述经济运行状况，分析经济运行中存在的问题，并制定短期、中期和长期的经济发展规

---

① 中国水网，https：//www. h2o‒china. com/news/281114. html.

② 安全内参，https：//www. secrss. com/articles/18125.

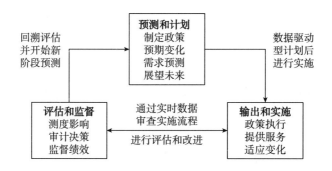

图 2 - 6   DDPS 模式

资料来源：OECD，https：//www.secrss.com/articles/18125.

划。在新冠肺炎疫情期间，政府根据本地居民的健康码、行程卡等数据监控并预警本地疫情风险，实时更新疫情发展情况，调整本地的风险等级和防疫响应等级，并制订合适的疫情防控计划。政府还与百度地图等在线地图平台合作，绘制人群迁徙热力图，了解全国人民的迁徙方向与规模，制订精细化、多地区联动的防疫工作方案。[①]

在输出和实施过程，数据资源能提高政府执行效率、服务质量和监管效能。一方面，政府能够根据实时数据直观了解工作进度，适时调整安排并及时管理风险，提升政策执行效率。例如，在抗疫医疗物资配置中，工信部建立了重点医疗物资保障调度平台，整合医疗物资的库存、质量和定位等数据，智能调度医疗物资，缩短调度路径和时长，保障医疗物资应急供应。另一方面，政务数据资源的共享与开放能够打破政府与公众之间、不同政府部门之间的信息壁垒，实现扁平化管理和部门高效协同，提高服务质量和监管效能。例如，深圳市政府开放政务数据资源，实现了 99.92% 的政务服务事项一次性办清、99.22% 的行政许可事项"零跑动"办理和

---

① 人民网，http：//yuqing.people.com.cn/n1/2020/0214/c429609 - 31586527.html.

393 项电子证照替代实体证照，在很大程度上方便了居民和企业。[①]
再如，浙江省杭州市江干区人民法院利用微信朋友圈等社交平台精
准投放悬赏令，对百余名失信被执行人的失信行为予以曝光，并引
导有关财产知情人进行有偿举报，使公众参与到政府监管中来。

在评估和监督过程，数据资源能科学评估和监督政府绩效。政
策执行过程中积累的各类数据资源都可用于量化测度政策执行效
果。其中，网络舆情数据资源近年来颇受重视，成为政府了解人民
利益诉求的重要依据。在疫情防控、精准扶贫和扫黑除恶等重点工
作领域，国务院办公厅通过"互联网＋督察"平台，面向社会征集
有关部门和地方政府工作责任落实不到位等问题线索，并征求工作
改进建议，充分发挥广大人民群众的监督作用，推动建设法治廉洁
的服务型政府。下文介绍了浪潮大数据精准扶贫平台实现数字化精
准扶贫的案例。读者可以使用 DDPS 模型，分析浪潮大数据精准扶
贫平台如何在精准扶贫中提升政府的治理能力。

【案例：大数据赋能精准扶贫】

　　浪潮大数据精准扶贫平台（以下简称浪潮平台）是利用政
务数据资源实现"精准扶贫、智能扶贫"的优秀案例。浪潮平
台整合了贫困人口信息、扶贫项目落实情况和扶贫资金使用情
况等分散在各部门的政务数据资源。基于这些数据资源，浪潮
平台建立了贫困指数，帮助政府筛选最贫困的乡村，方便制订
扶贫计划。浪潮平台还建立了"一户一台账"的责任制度，实
时跟踪每家每户的扶贫进展情况，做到精准帮扶。浪潮平台整
合了扶贫资金全流程的运转数据，方便扶贫干部实时考察工作

---

　　① 南方网，http://news.southcn.com/gd/content/2021－01/09/content_ 191958334.
htm.

进展与监督资金使用情况。浪潮平台还提供了政府服务统一门户，方便贫困户线上办理业务。

总而言之，浪潮平台能够利用数据精准制订帮扶计划、实时监管资金动态并精确评估扶贫工作绩效。浪潮平台高效利用政务数据资源，助力政府把贫困人口找出来，把致贫原因摸清楚，把帮扶措施落到位，把党的政策送到家，把社会爱心送到位。①

本章阅读导图

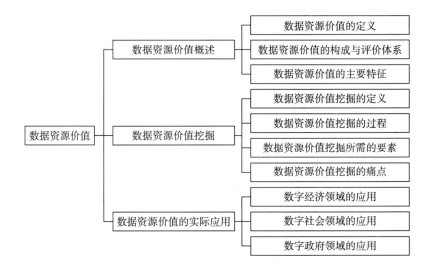

拓展阅读：数据资源价值挖掘痛点的解决措施

根据上文介绍的数据资源价值挖掘的痛点，本章分别从政府、

---

① 浪潮网，https：//www.inspur.com/lcjtww/2315750/2322129/2322131/2347361/index.html.

企业和高等院校的角度提出解决措施。其中，政府应完善数据要素市场，推动数据应用试点示范；企业应树立数据驱动理念，提升数据资源管理能力；高校应致力研究前沿问题，培养高质量数字人才。

1. 政府应完善数据要素市场，推动数据应用试点示范

政府应该建立完善数据要素市场，克服数据资源共享难的痛点。第一，政府应加强数据要素市场化的顶层设计。在中共中央、国务院明确提出加快数据要素市场化建设之后，各地方政府也应积极出台地方政策，制定各地的数据要素市场化建设规划。政府还应重视配套法律法规和相关标准的完善。各级政府应该加快完善数据资源确权和数据安全保护的法律法规，加快明确各行业的数据质量标准和安全分级标准，并统一数据传输协议（何玉长和王伟，2021）。第二，政府应健全数据要素市场制度，优化数据要素市场环境。政府应该明确数据要素市场价格机制，加强价格对市场供需的指导能力，发挥市场对数据要素配置的决定性作用。政府还应该加强安全制度、交易制度、竞争制度和互信机制等市场制度建设，打击数据垄断行为，优化数据要素市场环境。第三，政府应拓展数据交易市场。政府应以已有的上海、长江、贵阳、北京等大数据交易中心为基础，逐步将数据交易市场扩展至全国，探索培育全国性的大数据交易市场。政府还应积极探索数据价值化产品，开展数据权益资产化试点，盘活数据资源价值。

政府应该推动数据应用试点示范，帮助企业克服数据资源价值挖掘成本高、风险大的痛点。第一，政府应加强企业数字化转型的政策支持。政府应该积极出台数字化转型激励政策，为企业提供优惠实在的资金、技术和资源等支持，帮助企业克服数字化转型成本高的问题。第二，政府应该建立并推广数据应用试点工程。政府应该在合适地区建立创新改革试验区，支持建立首席数据官制度，鼓励企业自主探索数字化转型道路。政府应该梳理遴选企业数据应用的成功标杆，总结和推广标杆企业的成功经验。政府应该分行业总

结数据应用成功路径和发展重点，编制数据应用指南，为企业数据资源价值挖掘提供指导，降低转型风险。第三，政府还应加强配套基础设施建设。政府应推进建设物联网、5G基站、数据中心、数字孪生和数据安全设施等，提高数据应用效率并保障数据安全。

2. 企业应树立数据驱动理念，提升数据资源管理能力

企业应该树立数据驱动理念，达成数据资源价值挖掘共识。第一，企业"一把手"应树立数据驱动理念。数据资源价值挖掘是"一把手工程"，由"一把手"推动数据驱动战略是最为行之有效的办法。海德思哲2021年的调研发现，数字化转型较成功的企业，一半都是"一把手"直接推动。[①] 企业"一把手"应该加强数据价值意识，将数据驱动发展理念融入企业文化和发展战略，并积极推动企业数字化转型。第二，企业各部门也应加强数据价值意识。企业应该积极开展培训，培养各部门员工的数据价值意识和数据应用能力，提高各部门员工对数据资源价值挖掘的认同感和参与感。企业还应该建立多元化的、定量为主的评价体系，激励各部门员工提升数据应用意识和能力。

企业应该提升数据资源管理能力，为数据资源价值挖掘提供制度保障。第一，企业应加强数据标准管理，提升数据资源质量。企业应该梳理研发、采购、生产、销售和财务等各部门的数据，建立全面的数据资源清单和数据资源台账，绘制数据资源地图，了解清楚自身拥有哪些数据资源并统一管理。企业还应该加强元数据管理，统一内部数据标准，提升数据资源质量。第二，企业应加强数据共享管理，打破数据孤岛。企业应该建立数据共享制度和统一管理平台，打破各部门数据各自存储和各自管理形成的数据孤岛。第三，企业应加强数据安全管理，筑牢安全底线。企业应从制度、组织和技术等方面筑牢防火墙，防止数据泄露、毁损或丢失等安全事

---

① 海德思哲：《从蓝图到伟业：中国企业数字化转型的思考与行动》，https：//mp. weixin. qq. com/s/JeL11TEtvVvDDKJNMY0TqA.

故的发生。企业也应该恪守数据安全法律法规，合法合规采集和使用数据资源，尊重他人数据权利。

3. 高等院校应积极研究数据价值化前沿理论问题，培育高质量数字人才

高等院校应积极研究数据价值化前沿理论问题，为数据资源价值挖掘的实际应用提供理论指导。陈国清等（2020）指出，大数据参与下的决策范式在决策环境、主体效用、理念假设和决策流程等方面产生创新。因此学者应该积极探索大数据环境下，原有经济理论和管理范式产生的新问题。重要的前沿问题包括数据权属和安全、数据资产定价、数据跨境流通、数据要素影响经济发展的机制、数据驱动的管理决策新范式、数据应用的信息科学基础和数学计算基础等（陈冬梅等，2020；刘洋等，2020；戚聿东和肖旭，2020）。

高等院校应积极培育高质量数字人才，克服数据资源价值挖掘人才不足的痛点。第一，高等院校应开办复合型专业，培养复合型人才。高等院校应该积极迎合数字经济发展潮流，更新教育理念，整合教育资源，开办复合型专业。例如，清华大学和中央财经大学等众多高校顺应数字金融发展潮流，将传统的金融学专业与软件开发、数据分析等其他专业相结合，开办金融科技专业，培养兼具金融学素养和数字技能的复合型金融科技人才。其他复合型专业还包括智能制造、智慧医疗、作物智能育种生物学、数字贸易等。第二，高等院校应重视培养先进创新型人才。高等院校应加强人工智能、分布式计算和网络空间安全等新一代信息技术先进创新人才的培养。在人才培养中，高等院校应及时更新教学内容，积极探索新知识、新技术，培养高端先进人才。第三，高等院校应重视应用型人才的培养。随着数字经济的发展，企业对于数据价值化和数字技术的研究走在前列。高校应重视产学研结合，主动安排业界导师讲座、组织入企调研、与企业合作开展数字化转型项目等，培养有行业意识的应用型人才。

综上所述，政府、企业和高校应该发挥各自的主观能动性，解决数据资源价值挖掘的痛点，提升数据资源价值挖掘能力。但是政府、企业和高校绝非各自孤立的关系，政产学研应协同配合，共同推进数据资源价值的释放。

第三章　数据资源确权

　　数据资源确权关注数据资源的权属关系和分配关系。本章主要讨论了数据资源确权的相关概念、数据资源确权的方式、数据资源确权的难点与展望。第一节首先对数据确权和数据资源确权进行了厘清，并讨论了政务数据、个人数据、企业数据的权属关系。第二节对我国和其他国家数据资源确权的方式进行了考察。第三节从理论和实践中说明了完善数据资源确权面临的困境，并对数据资源确权发展进行了展望。本章认为，在数字经济时代下，为使数据得到更好的发展，解决数据资源确权问题刻不容缓。

【导读案例：抖音 vs 腾讯的反垄断之战[①]】

　　也许你是一位抖音爱好者，当你想要通过微信和朋友分享有趣的视频时，你发现总是要先下载到自己手机里后才能进行分享，而不能直接给朋友发送视频链接；又或者你是淘宝使用者，你注意到每次要分享商品链接时，只能用奇怪的汉字进行分享，而不能直接发送链接。事实上，微信不仅封禁了抖音和淘宝，也封禁了快手、微视等多个 App 的正常分享。

　　2021 年 2 月 2 日，抖音向北京知识产权法院正式提交诉状，起诉腾讯垄断，要求解除封禁。对此，腾讯方回应称禁封

---

① 央广网，http://ent.cnr.cn/zx/20210203/t20210203_ 525406266. shtml.

抖音是因为其通过各种不正当竞争方式违规获取微信用户个人信息。表面上这是互联网反垄断大战，然而案件的背后，我们应该注意到其反映出的数据所有权问题，尤其是针对个人数据的保护问题。抖音的开发公司字节跳动在随后的一份声明中指出："用户对自己的数据拥有绝对的控制权，这应该超越平台的权利。"它认为这些用户的数据并不属于腾讯所有。但是腾讯认为在用户同意微信收集和使用其数据后，该数据就由腾讯和用户共有，腾讯有权控制这些数据。在数字经济时代，用户数据就是一种重要的数据资源，谁拥有大量的用户数据，谁就占据了行业关键位置。诚然，用户数据当然属于用户自己，但是国内并没有一部法律明确规定当互联网平台对用户数据收集和处理后，这些数据的所有权关系该如何进行改变或者转移。

【案例探讨】

思考：为什么明确数据资源的所有权很重要？

第一节　数据资源确权的相关概念

随着数字经济快速发展，数据的重要性不言而喻。数据作为一种"使用非损耗"的资源，不具有一般物品作为资源时的稀缺性，但这并不影响它的经济属性。比如，企业使用数据建立分析模型，或是通过数据挖掘潜在市场机会等。数据蕴藏着巨大的社会与经济价值（韩海庭等，2019）。Jones 和 Tonetti（2020）认为，数据是一种生产要素，虽不能被直接用于生产经济物品，但是却能在生产过程中发挥重要作用。同其他生产要素一样，数据资源的权属关系值得关注。只有当数据资源权属得到确定，其占有、收益与处分等相关内容才能界定清楚。数据资源的所有权和由其衍生出的全部产出的分配关系就是数据资源确权所关注的主要问题（徐翔等，2021）。

一　数据确权与数据资源确权

本书曾在第一章中分析过数据和数据资源的关系。根据《中华人民共和国数据安全法》（以下简称《数据安全法》）[①] 的规定，数据是指任何以电子或者其他方式对信息的记录。若从经济学的角度探讨数据，数据就可以被赋予资源属性。一般认为，数据资源应具有价值。[②] 在大多数情况下，数据资源中的数据是指具有 5V 特性（数量大，速度快，种类多，有价值，够准确）的大数据，有时也包括一些有价值的零散数据。数据与数据资源是包含与被包含的关系，如图 3 - 1 所示。

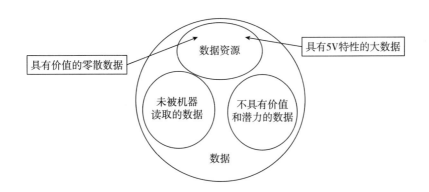

图 3 - 1　数据和数据资源

基于以上逻辑，当我们尝试对数据资源确权进行分析时，当然也绕不开对数据确权进行探讨。只有当数据的权属关系得到确定

[①]　中国人大网，http://www.npc.gov.cn/npc/c30834/202106/7c9af12f51334a73b56d7938f99a788a.shtml.

[②]　中国信通院，http://www.caict.ac.cn/kxyj/qwfb/ztbg/202105/t20210527_378042.htm.

时，由此衍生出的数据资源的权属关系才能明晰。以《中华人民共和国宪法》（以下简称《宪法》）与其他法律的关系作比喻。《宪法》是"母法"，当宪法确定了基本权利和义务后，其他法律，如《中华人民共和国民法典》（以下简称《民法典》）、《中华人民共和国刑法》（以下简称《刑法》）再根据《宪法》的宗旨制定。若宪法规定了公民享有某些权利和承担某些义务，其他法律当然也必须规定公民享有和承担，区别可能体现在对某些重点领域和细节的规定。基于以上逻辑，同《宪法》和其他法律一样，数据权属作为"母法"，数据资源权属是其中重要的分支，显示了数据权属和数据资源权属之间不可割裂的关系。

从本质上说，讨论数据权属就是在讨论数据资源权属（因为数据权属包含数据资源权属）。因此，本章不将数据资源剥离出数据再进行分析（在某些场景下，这样是必须且有效的），而是不再严格区分数据确权和数据资源确权，将重点放在对数字经济时代下数据资源权属关系的分析。除此之外，数据作为资源时所拥有的经济属性值得被重视。对此，学者们从经济学角度考虑数据资源权属问题时，一般绕不开数据产权。他们认为在经济市场中，建立数据产权制度是解决数据资源确权问题的重要途径之一。具体分析在下文中呈现。

二　数据资源确权中的"权属"问题

数据资源确权指对所有的数据资源以法律形式明确其权属关系，推动数据资源整合，加速数据资源自由流通，从而使数据资源在生产过程中发挥作用（杜振华和茶洪旺，2016）。在汉语中，"权"可以指代权力，主体一般为国家，如《宪法》① 第 2 条规定："中华人民共和国的一切权力属于人民。"同时，"权"也可以指代权利，主体一般为自然人，如《宪法》第 33 条规定："任何公民享有宪法和法律规定的权利，同时必须履行宪法和法律规定的义务。"

---

① 这里指 2018 年修正的《中华人民共和国宪法》。

在权力—权利分析模式下，我们探讨与数据资源有关的"权"主要包括数据主权（Data National/Ethnic Integration）和数据权利（Data Right）两大方面。如《宪法》中的"权力"和"权利"一样，这两者在主体、内容和重点保护的权益之间存在区别。表 3－1 显示了法理学中权力和权利的主要区别和联系。若以此为出发点讨论数据资源确权，我们就将分析置于了"权力—权利"模式下。当国家拥有数据资源时，体现为国家享有数据主权。当公民拥有数据资源时，体现为公民具有数据权利。本节将首先从该模式出发，对数据资源确权中的"权"进行解释，再跳出该模式，进一步讨论数据资源确权问题。

表 3－1　　　　　　　　法理学中权力和权利的主要区别和联系

	联系	区别
权力	权力和权利为最终实现利益而服务，利益包括物质利益和精神利益；	权力本源于权利，是为实现权利而作用之力，确认和保障权利的实现。一般认为，国家是权力主体。权力多为公共权力
权利	权力和权利并不超脱于历史而抽象存在，两者始终是具体的	权利依托于权力，受权力保障。一般认为，民众个人是权利主体

资料来源：笔者根据漆多俊（2001）的观点整理。

（一）国家享有数据主权

数据主权是指国家在其政权管辖地域内对个人、企业和政府所生产、流通、利用、管理等各个环节的数据享有至高无上的、排他性的权力。其本质上属于新型的国家主权（齐爱民和盘佳，2015）。2020 年 9 月，国务委员兼外交部部长王毅在《全球数据安全倡议》[①]中呼吁各国应要求企业严格遵守所在国法律，尊重他国主权、司法管辖权和对数据的安全管理权，在缔结跨境调取数据双边协议时，不得侵犯第三国司法主权和数据安全。根据国际公法中对于国

---

① 中国政府网，http://www.gov.cn/xinwen/2020-09/10/content_5542394.htm。

家主权基本原则的描述，数据主权主要包括两方面内容：一是数据管理权，即为国家对其领土内的一切数据，包括传入和传出的数据及其所产生的事务具有管理权，相应地，也具有与此事务相关的司法管辖权；二是数据限制权，即国家有权通过对领土内的数据采取一系列措施，以保护数据免受侵犯、篡改、销毁等危险，保证数据的独立性和真实性。对数据主权进行定义的行为保障了国家与国家之间的数据能进行更好的流通，对于国家内部的数据流通，则主要由数据权利规定。

【案例：斯诺登棱镜门事件】

斯诺登棱镜门事件是关于数据主权的典型案例。2013 年 6 月，震惊全世界的"棱镜计划"被美国中央情报局前职员爱德华·斯诺登披露。根据他所披露的文件，美国国家安全局通过对 Facebook、谷歌、微软等公司的监控，可以直接接触到美国公民的大量个人社交网络数据。更严重的是，由于当时世界上主要的数字技术公司的总部都设在了美国，所以有人认为美国政府很可能已经非法获取到了全世界公民的数据信息。这严重侵犯了其他国家的数据主权，对数据的正常收集和使用造成了非常大的打击。

（二）公民享有数据权利

与数据主权不同，数据权利的主体是公民。从法律层面进行定义，数据权利是指主体以某种正当的、合法的理由要求承认主张者对数据的占有，或要求返还数据，或要求承认数据事实（行为）的法律效果（李爱君，2018）。数据权利主要包括数据人格权和数据财产权两方面内容，分别具有人格权属性和财产权属性，具体见表3-2。数据人格权更注重个人隐私和使用数据资源的权利，而数据财产权则从财产的角度出发，更注重保护数据财产所有人对数据财

产的占用、使用、收益与处分的权利。数据主权和数据权利的区别
如表 3-3 所示。

表 3-2   **数据权利的两种属性**

属性	内容
数据权利的人格权属性	自然人的数据，如身份证号、家庭住址、日常生活分享等内容体现了自然人的人格尊严和人身自由，我国《民法典》第990条规定："自然人享有基于人身自由、人格尊严产生的其他人格权益。"因此，当数据涉及自然人所享有的姓名权、名称权、肖像权、名誉权等内容时，数据权利就拥有了人格权属性
数据权利的财产权属性	数据的财产权属性直接体现了数据的经济价值，这种权利可以进行转移。数据的经济价值在数字经济时代下得到充分体现，如互联网企业利用数据对用户进行画像，进行定制化推送，加大用户黏性，获取收益。数据权利的财产权转移可以通过数据交易来完成

资料来源：笔者主要根据郭少飞（2019）和李少君（2018）的文献进行整理。

表 3-3   **数据主权和数据权利的区别**

区别方式	数据主权	数据权利
主体	国家	公民
主要内容	数据管理权和数据限制权	数据人格权和数据财产权
重点保护权益	数据安全	个人隐私和对财产的占用、使用、收益、处分的权利

资料来源：笔者根据公开信息整理。

（三）数据资源权属确定

在"权力—权利"模式下，数据资源确权中"权"的含义在法律意义上是非常明晰的，即数据主权和数据权利。从该点出发，数据资源承载了多种权利义务关系，是个人、企业和其他组织之间复

杂社会关系的映射。① 上文提到数据主权涉及国际公法，同时数据权利涉及私法。数据资源打破了传统法律上公法和私法②、国际法和国内法的二元划分，在不同的场景下具有不同的含义。因此，讨论数据资源权属问题时不能一概而论。本书根据数据资源主体的不同，将数据资源划分为政务数据资源、个人数据资源和企业数据资源，以具体形式讨论数据资源权属问题。

1. 政务数据资源

在开始探讨政务数据资源的权利归属前，我们首先要明确政务数据资源的公共财产属性，该属性决定其不同于其他数据资源。政务数据资源不仅在行政管理领域发挥作用，同时也属于公众共有财产（曾娜，2018）。国家取得政务数据资源的所有权，并不代表政府可以随意使用政务数据资源。《深圳经济特区数据条例》③ 第2条第5款规定："公共数据，是指公共管理和服务机构在依法履行公共管理职责或者提供公共服务过程中产生、处理的数据。"从这一点出发，政务数据资源可以被认为是政府履行公共职能时具有的公共数据资源。由于政务数据资源具有公共财产属性，故在确定其权属归于国家后，还要考虑到数据资源的开放共享问题。目前，我国各地政府纷纷展开了尝试。贵州省政府于2020年9月制定了《贵州省政府数据共享开放条例》④，旨在推动政府数据共享开放，加快政府数据流通。山东省政府于2020年1月出台了《电子政务和政务数据管理办法》⑤，积极向社会提供数据开放服务。

2. 个人数据资源

个人对个人拥有的数据资源享有相应的合法权利。个人数据和

---

① 腾讯研究院，https：//tisi.org/18958.
② 根据百度百科，公法主要是指调整国家与普通公民、组织之间关系以及国家机关及其组成人员之间关系的法律，私法主要是指调整普通公民、组织之间关系的法律。
③ 深圳人大网，http：//www.szrd.gov.cn/szrd_zlda/szrd_zlda_flfg/flfg_szfg/content/post_706636.html.
④ 中国政府网，http：//www.gov.cn/xinwen/2020-09/28/content_5547797.htm.
⑤ 中国法院网，https：//www.chinacourt.org/article/detail/2020/01/id/4754522.shtml.

个人信息既有相通之处，又存在本质区别。同本书第一章的定义，"信息"二字决定了数据具有"提取"和"分析"功能。根据国际标准化组织（ISO）的定义，"数据"是"信息"的一种形式化方式的体现，以达到展示、交互或处理的目的。《民法典》① 第 111 条规定了"自然人的个人信息受法律保护。"第 127 条单独规定了"法律对数据、网络虚拟财产的保护有规定的，依照其规定。"可见，我国在制定法律时并没有将个人数据和个人信息混为一谈②。相反，我国针对数据和信息进行了分开规定，分别制定了《数据安全法》和《中华人民共和国个人信息保护法》（以下简称《个人信息保护法》）。

本书依据《数据安全法》讨论个人数据资源权属问题。《数据安全法》规定了个人有权以合法、正当的方式收集和使用数据，国家保护个人和组织的合法权益。在个人数据资源处理过程中，个人享有相关权利。根据上文对数据权利的分析，结合《民法典》中的相关规定，个人享有基于个人数据资源之上的人格权利益和财产权利益。

3. 企业数据资源

企业数据资源具有交易性质，与政务数据资源和个人数据资源均存在紧密联系。与政务数据资源和个人数据资源相比，企业数据资源的概念目前尚未在法律层面被确定。根据《深圳经济特区数据条例（征求意见稿）》规定，企业作为市场主体，对合法处理数据形成的数据产品和服务，可以依法自主使用，通过向他人提供获得收益，依法进行处分。其中，"数据产品和服务"体现了企业数据资源的交易性质。在数字经济时代下，互联网企业迎来关键的发展节点。《网络安全法》③ 第 10 条规定了网络运营者在开展经营和服

---

① 中国人大网，http：//www.npc.gov.cn/npc/c30834/202006/75ba6483b8344591abd07917e1d25cc8.shtml.

② FT中文网，https：//mp.weixin.qq.com/s/WYgd4ZX6t9G42y7qLDVF5g.

③ 中国政府网，http：//www.gov.cn/xinwen/2016 – 11/07/content_ 5129723.htm.

务活动时，要维护网络数据的完整性、保密性和可用性；第22条规定了若网络运营者提供的网络产品、服务具有收集用户信息功能的，运营者应当向用户明示并取得同意。此外，该法案第29条还规定了国家支持网络运营者之间在网络安全信息收集、分析、通报和应急处置等方面积极进行合作。综上所述，企业，尤其是互联网企业，在收集和使用数据、提供数据产品和服务时需要注意避免承担与用户和其他企业相关的法律风险。在司法实践中，法官多引用《中华人民共和国反不正当竞争法》（以下简称《反不正当竞争法》）对企业数据资源纠纷进行判决，具体内容将在下文中进行讨论。

本节主要从法学的角度出发，讨论了政务数据资源、个人数据资源、企业数据资源的权属关系问题。然而在数字经济高速发展的今天，由数据产生的现实纠纷越来越复杂，只从法学理论上分析数据资源确权可能会导致其缺乏实践的可能性。因此，近些年有不少学者从经济学角度提出了"数据产权"这一概念，以尝试将数据资源确权更好地与经济社会联系起来。

（四）数据产权

不同于数据主权和数据权利，数据产权保护的重点既不是国家安全，也不是个人信息权利，而是数据生产者，即用户和经营者的财产性权利。简单来说，数据产权关注的是数据资源在市场中的配置问题，与数据财产权只关注个体的财产权益有所不同。部分学者研究数据资源确权时，以数据产权为分析基础，如表3-4所示。费方域等（2018）认为产权与所有权不同，它并不是一种绝对的权利，而是指不同的所有权主体在交易中形成的权利关系。实际上，这是一组权利，包括使用权、排他权和处置权等。这组权利既可以属于同一个主体，也可以分属于不同主体，这取决于权利该如何被配置。文禹衡（2019）从法律和经济的紧密联系为出发点，认为数据资源确权可以被理解为对数据产权的确权。他认为数据产权能够将数据人格属性和数据财产属性统摄在"财产利益"或"经济利益"之中，而不是像数据权利那样将数据人格属性和财产属性分开讨论。此举使数据资源确权不必纠缠于人格权路径或财产权路径的选择，而将重点放在了经济利益上。不同于数据权利中的财产权，数据产权的本质并不是人和数据的关系，而是用户和各类运营者之间的财产权利关系。① 目前，学术界对数据产权并无完整且清晰的界定。中国政法大学法治政府研究院院长赵鹏认为，经济学意义上的数据产权与法律意义上的财产权实际上存在差别，要定义法律意义上的数据产权，我们不仅需要思考财产权中的排他性权益与数据自由流通权益的平衡，也需要考虑赋予企业权利后与个人信息权益的平衡。②

表 3 - 4 　　　　　　　　　　数据产权相关概念

学者	观点
费方域等（2018）	产权并非单指绝对的所有权，而是指代一系列权利关系。数据产权关注数据资源的配置问题
文禹衡（2019）	数据产权可以对数据人格属性和数据财产属性进行统筹考虑，重点是经济利益
赵鹏（2021）	经济学意义上的数据产权不同于法律意义上的财产权，需要考虑市场各主体的平衡

资料来源：笔者根据相关文献整理。

本书尝试重新定义数据产权的概念。有些学者在定义数据产权时，以现有概念，如知识产权的概念进行简单的套用分析，认为数据产权是指数据开发者对合法获得的共有或专有领域的数据，以及通过抓取、分析、加工、处理等智力劳动获得的数据或数据集所拥有的人身权和财产权（黄立芳，2014）。此定义将数据产权的利益

① 中国信通院，http：//www.caict.ac.cn/kxyj/caictgd/201809/t20180921_185635.htm.

② 经济参考报，http：//www.jjckb.cn/2021-03-30/c_139845779.htm.

直接分为人身权和财产权两部分，但实际上，"产权"二字的核心利益是财产性利益。基于此，也有学者将数据产权定义为：设备的所有者或使用者对基于数据行为而产生的网络数据，享有使自己或他人在财产性利益上受益或受损的权利（文禹衡，2019）。此举将数据资源的人格利益要素融入了财产性利益中，以"受益"和"受损"来表示人格利益和财产利益的财产性对价，简化了法律上的引用问题，为从制度上明确和界定数据资源的法律权利提供了可行性。本章在单独考虑人格财产利益后，将数据产权定义为：数据生成者对基于合法途径和行为获得的数据，享有使包括人格财产利益和财产性利益在内的利益受益或受损的权利。此定义将数据资源的归属者解释为"数据生成者"，数据生成包括人类主观能动性干预的数据产生和机器通过算法等技术衍生数据。当涉及主观能动性时，数据资源的主体就是用户；当涉及机器生产时，数据资源的主体就是企业。这里"用户"和"企业"的角色可以由自然人、法人、非法人组织或政府来担任。

三 从典型案例中理解数据资源确权

前一小节对数据资源确权中的相关概念进行了讨论，尝试解释了数据主权、数据权利和数据产权，并对政务数据资源、个人数据资源和企业数据资源的权属问题进行了讨论。应注意到，对数据资源确权的理论讨论仍在继续，这导致数据资源确权在实践中将遇到不可避免的困难（李齐和郭成玉，2020）。本部分我们将列举国内发生的典型数据纠纷案例，从实际生活中理解数据资源确权。

（一）政务数据——政务数据平台建设的困境

案例引入 1（公众与政府）："云上贵州"政务数据平台是我国第一个以政府数据"聚通用"（集聚、融通、应用）为核心的省级政务数据平台。该平台于 2014 年 10 月正式上线运营，并于 2017 年面向公众上线运行了"云上贵州"App。"云上贵州"App 平台汇集了政务和民生两大内容，包括民政、交通、旅游与卫生等服务，把以往在各个单位、服务大厅办的事情搬到了老百姓的手机上。① 平台让权力更透明，办事更便捷。"云上贵州"政务数据平台加快了贵州政务数据的共享开放进程，实现了公共服务数据的共享。然而，贵州在推进政务数据汇聚、融通的过程中，发现省内各部门在信息互通建设中存在分散规划、分散投入、分散管理与重复建设等问题，导致数据共享未能按规划进行、数据开放质量不高等矛盾频繁发生。②

此案例显示出政务数据在面向公众开放时所面临的难题，即政府部门之间的数据互通难以集中进行。虽然政务数据属于国家所有，但在实际运用中，该权属关系的内容并不明确。各地政府之间和各级政府部门之间缺少统一的技术标准、数据标准和接口标准，这导致政务数据平台易形成数据孤岛（周雅颂，2019）。同时，政务数据的公共财产属性使共享平台的建设需要大量用于开发和维护的资金，这一笔费用究竟由财政全部负责，还是由政府牵头，融合社会资金，采取商业化模式，需要进一步权衡。

（二）个人数据——数据收集中的数据人格权利益和财产权利益

案例引入1（个人与企业）：2013 年，朱某在家中和单位使用电脑浏览相关网站，期间通过"百度搜索引擎"网站对关键词进行了搜索。之后，他发现在该网站搜索过后，特定的网站上就会出现与他搜索过的关键词有关的广告。对此，朱某认为该搜索引擎的提供者百度网讯公司擅自记录和跟踪了自己的搜索记录，已经侵犯了自身的合法权益。因此，朱某将百度网讯公司告上了法院。③

该案例为国内有关 Cookie 技术与隐私权纠纷的第一案，在经过两次审理后，法院最终判决"百度网讯公司的个性化推荐行为不构成侵犯朱某的隐私权"。两次审理遵循的法律逻辑相反。一审法院

① 贵州省人民政府，http：//guizhou. gov. cn/xwdt/gzyw/201712/t20171205_ 1084290. html.

② 国家发展和改革委员会网站，https：//www. ndrc. gov. cn/xwdt/ztzl/szhzxhbxd/zxal/202006/t20200623_ 1231793. html.

③ 北大法宝网，https：//www. pkulaw. com/pfnl/a25051f3312b07f376c5959e99e369ddd1fdf1b49cddc88cbdfb. html？ keyword = 北京百度网讯科技公司.

认为"百度网讯公司收集、利用他人信息会构成侵犯他人隐私的情形",更重视公民数据权利中的数据人格权利益。但是在二审中,法院认为 Cookie 技术是当前互联网领域普遍采用的一种信息技术,网络服务提供者将个性化推荐服务依法告知用户即可。同时,网络用户亦应当努力掌握互联网使用技能,提高自身适应能力。显然,二审更重视保护数据生产者对数据资源收集和处分的权利。

案例引入 2（网络虚拟数据）：2006 年,被告人孟某将窃取到的被害单位账号和密码提供给被告人何某,共同密谋犯罪计划。二人前后从被害单位的账户内窃取价值人民币两万余元的游戏点卡和虚拟币。

该案最终以被告人构成盗窃罪结案。在当年法律及相关司法解释未对网络虚拟数据作出规定之前,该判决具有前瞻性（钱志强和韩海军,2009）。司法实践中认为,网络虚拟数据和现实中的财产一样具有使用价值和交换价值,能够满足人们的需求。用户对网络数据享有财产性权益,当其网络虚拟数据受到侵犯时,应当得到和普通财产一样的保护。2009 年,《中华人民共和国刑法修正案（七）》（以下简称《刑法修正案（七）》）① 出台,新增了非法获取计算机信息系统数据罪这一罪名,正式在立法层面上确定了计算机信息系统中存储、处理或者传输的数据权益。在该修正案颁布之后,对于此类网络盗号或冒充案件,法官有时也会以"非法获取计算机信息系统数据罪"对案件进行定性。如 2009 年"黑客"陶某利用木马程序非法获取他人计算机数据一案、2016 年池某犯非法获取计算机信息系统数据罪等案。② 总之,不论是采取盗窃罪罪名,还是使用非法获取计算机信息系统数据罪罪名,法律层面都已承认网络数据具有一定的财产性价值,这两者的区别仅在于犯罪对象是财物还是数据。

---

① 该案于 2009 年 2 月 28 日由第十一届全国人民代表大会常务委员会第七次会议通过。

② 北大法宝网司法案例检索系统,www. pkulaw. cn/case.

（三）企业数据——经济生活中的数据产权

案例引入 1（企业与企业）：淘宝公司和美景公司是两家互联网科技公司。美景公司以提供远程登录用户电脑提供技术服务的方式，帮助他人获取淘宝公司开发的"生意参谋"产品中的数据内容，并从中牟利。淘宝公司认为美景公司的行为系恶意破坏商业模式，已构成不正当竞争。遂将美景公司诉至法院。①

淘宝诉美景案是首例涉及大数据产品权益的不正当竞争案件。该案二审维持了一审判决，判定美景公司存在对淘宝公司的不正当竞争行为。此案例的判决确认了平台有权对其收集的原始数据根据事先约定进行加工、使用，并有权阻止他人擅用其企业数据的行为，以维护自己的合法权益。这个案例体现了法律对数据生成者享有的从数据资源中受益或受损的权利（也即数据产权制度）的保护。

案例引入 2（企业与企业）：原告方微梦公司经营新浪微博。被告方北京淘友天下技术有限公司、北京淘友天下科技发展有限公司经营脉脉软件，在上线之初和新浪微博进行了合作。双方约定用户可以通过新浪微博账号和个人手机号注册登录脉脉软件，同时脉脉可以获得新浪微博用户几乎全部的信息。后双方终止合作，但非脉脉用户所拥有的新浪微博用户信息并没有在合理时间内被删除。微梦公司遂提起本案诉讼。②

微博诉脉脉案是全国第一例社交网络平台不正当竞争案件。判决结果显示，脉脉非法抓取新浪微博平台用户信息等数据构成了不正当竞争。此判决肯定了用户信息是互联网经营者重要的数据资源之一。企业与企业之间的数据互通共享应当建立在保障个人数据权

---

① 北大法宝网，https：//www.pkulaw.com/chl/842e398c734730afbdfb.html？keyword = 最高人民法院发布依法平等保护民营企业家人身财产安全十大典型案例。

② 北大法宝网，https：//www.pkulaw.com/pfnl/a25051f3312b07f312f6a3a7dfea8e7ca7b9e87a5bb5a798bdfb.html？keyword = "脉脉"非法抓取使用微博用户信息不正当竞争纠纷案。

利的基础上，在取得用户授权的同时也要获得其他相关企业和平台方的授权，即"多重授权"。

第二节 数据资源确权的主要方式

在我国实践中，个人和企业、企业和企业之间的信息数据纠纷事件呈现出不同的特征。由于个人在使用数据产品时，常常需要与经营者签订契约，但也仅仅是"签订"，用户处于被动接受的地位，并不能对相关条例做出更改，这使用户处于被动地位（Mundie，2014）。在适用法律时，法院可能会更偏重保护个人合法权益，然而，一味地保护个人权益难免会造成权益保护的失衡。在实践中，法院大多数时候会根据实际案情在个人权益和经营者权益之间进行权衡。同时，对于企业之间的数据资源纠纷，司法判决也多会根据实践情况进行调整（李齐和郭成玉，2020）。但无论是选择何种法律，我国法院在进行判决时都会着重考虑数据资源作为重要信息对经营者的重要性，保障经营者可以开展正常的经营活动。不同于中国，欧盟、日本和美国在制定法律时更加关注用户个人信息和个人隐私的保护，以严格的个人信息保护措施著称。本节将考察目前我国和其他主要国家及地区对数据资源确权的探索进程。

一 我国对数据资源确权的探索

截至2021年，我国在中央层面暂未对数据资源权属关系进行直接界定。与明晰企业和用户之间的数据资源的权利关系相比，我国的法律更关注国家数据主权安全和个人数据权利。尤其是顺应了时代潮流和国际趋势后，我国对个人数据权利的保护日趋重视。

（一）在立法和政策领域的探索

1. 立法领域探索

在立法领域，我国制定了《数据安全法》和《个人信息保护法》两部单独的法律。在实际案件中，法官往往要引证多部法律条文①进行判决。目前，虽然我国直接针对数据资源确权出台的法规较少，但是相关立法工作却一直在稳步推进中。《数据安全法》②首先从立法层面规范了我国境内数据处理活动，是数据领域的基础性法律。除此之外，继《网络安全法》、《电子商务法》、《刑法》与《民法典》等法律法规后，我国针对个人信息保障着手制定了《个人信息保护法》③。可以预见，在两部针对数据和信息领域的基础性法律正式出台后，数字经济将会朝着更规范的方向发展。表3-5汇总了我国在上述两部法律出台前数据领域和信息领域的主要法律法规。

表3-5　　　　我国在数据和信息领域的主要立法工作汇总

发布时间	法律文件名称	效力级别	重要性
2009年	《刑法修正案（七）》	法律	完善了惩治侵害个人信息犯罪的法律制度
2012年	《全国人民代表大会常务委员会关于加强网络信息保护的决定》	有关法律问题和重大问题的决定	确立了个人电子信息保护的主要规则
2013年	《消费者权益保护法》	法律	明确了消费者个人信息保护的主要规则
2016年	《网络安全法》	法律	保障网络数据安全，维护网络空间主权
2018年	《电子商务法》	法律	制定了电子商务数据信息的规则
2020年	《民法典》	法律	将个人信息受法律保护作为一项重要民事权利

资料来源：笔者根据北大法宝数据库④汇总整理。

——————————

①　这里的"法律条文"不严格指代"法律"，而是泛指包括宪法、法律、行政法规、地方性法规、规章以及立法解释、司法解释等。
②　该法案于2021年6月10日第十三届全国人民代表大会常务委员会第二十九次会议通过。
③　该法案于2021年8月20日第十三届全国人民代表大会常务委员会第三十次会议通过。
④　北大法宝数据库，www.pkulaw.cn。

从表 3 - 5 可以看出，我国从《刑法》到《消费者权益法》、再到《网络安全法》和《民法典》，在多个领域分别对数据活动进行了规定。其中出现较多的是针对个人信息的保护，如《消费者权益保护法》中规定了用户享有知情权，《民法典》赋予了公民个人信息受法律保护的民事权利。

除了中央之外，地方也在对数据资源确权进行立法探索。从2016 年开始，贵州、天津、海南、山西、吉林、安徽以及山东等地颁布并实施了相关的法律法规。然而，以上条例的适用范围大多只限于公共数据和政务数据，对个人数据的规定几乎没有涉及。2021年 6 月 29 日，深圳市通过了《深圳经济特区数据条例》①，以规范数据活动，保护自然人、法人和非法人组织数据权利和其他合法权益。该条例第一次在我国公开文件中明确解释了"数据权"概念，并对不同主体所享有的数据权进行了详细的规定，是我国地方立法的一次积极探索。数据权包括个人数据权、公共数据权与市场主体的数据权，具体内容如表 3 - 6 所示。

表 3 - 6 　　　　　《深圳经济特区数据条例》的数据权内容

数据权	分类	主要内容
个人数据权	数据知情权	自然人对其个人数据的处理享有知情权和决定权
	数据处理权	除法律、法规另有规定外，自然人有权拒绝数据收集、处理者处理其个人数据及衍生数据
	数据限制权	自然人有权对不完整的数据提出异议并请求相关必要措施
	数据被遗忘权	自然人有权请求数据收集、处理者及时删除违反法律的数据
公共数据权	国家的数据权	公共数据属于新型国有资产，其数据权归国家所有
市场主体数据权	市场主体的数据权	市场主体对其合法收集的数据和自身生成的数据享有数据权，可以依法自主使用

资料来源：笔者根据深圳市人大常委会发布的相关资料汇总整理。

---

① 深圳人大网，http：//www.szrd.gov.cn/rdlv/cwhgb/index/post_ 706584. html.

在深圳市率先颁布《深圳经济特区数据条例》后，上海市紧随其后。2021 年 9 月 30 日，上海市第十五届人大常委会第三十五次会议对《上海市数据条例（草案）》进行了审议，并面向社会广泛征求意见。[①] 此举将会为上海进一步建设成数字政府提供保障。

2. 政策领域探索

党的十八大以来，数字技术与经济社会加快融合，数据成为国家战略性资源。国务院于 2015 年印发了《促进大数据发展行动纲要》（以下简称《纲要》），正式拉开了部署大数据建设的帷幕。《纲要》主要部署了三方面任务，包括加快政府数据开放共享、推动产业创新与保障数据安全。围绕这三个主要任务，我国后续出台了相关政策，如表 3-7 所示。

表 3-7　　　　　　　　数据资源主要政策汇总

发布时间	发布机关	文件名称	主要内容
2016 年	国务院办公厅	《关于促进和规范健康医疗大数据应用发展的指导意见》	提出了健康医疗大数据的基本原则和发展方向，制定了相关规则
2018 年	国务院办公厅	《关于推进电子商务与快递物流协同发展的意见》	推动解决电商和快递物流之间的数据互通难题，促进数据共享
2018 年	国务院办公厅	《关于印发科学数据管理办法的通知》	保障科学数据的安全，发挥科学数据在大数据时代下科技创新的引领作用
2019 年	党的十九届四中全会	《关于坚持和完善中国特色社会主义制度　推进国家治理体系和治理能力现代化若干重大问题的决定》	首次明确了数据作为生产要素参与社会分配

① 上海人大网，http://www.spcsc.sh.cn/n8347/n8481/n9119/index.html.

发布时间	发布机关	文件名称	主要内容
2020 年	国务院办公厅	《关于构建更加完善的要素市场化配置体制机制的意见》	要加快培育数据要素市场,推进政府数据开放共享,加强数据资源整合和安全保护

资料来源:笔者根据中国政府网发布的相关资料汇总整理。

国家首先规范了医疗大数据发展,随后对电商和物流数据制定了规则,符合时代趋势。党的十九届四中全会第一次明确了数据的性质——生产要素。① 国家鼓励加快培育数据要素市场,推进政府数据开放共享,加强数据资源整合和安全保护。这些政策都与《纲要》的主旨相契合。

(二)针对数据主权和数据权利的探索

从司法和政策领域对数据资源确权实践进行考察后,我们再从不同的确权内容展开。考察数据资源确权离不开对数据主权和数据权利这两大内容的讨论。针对数据主权,我国已出台的《数据安全法》从数据安全领域进行了详细规定。针对数据权利,《个人信息保护法》进行了规定。

1. 数据主权——解读《数据安全法》

《数据安全法》对于确立数据主权具有关键性作用。《数据安全法》在总则中指出,国家保护个人、组织与数据有关的权益,保障数据安全,维护国家主权、安全和发展利益。《数据安全法》遵守 3个原则。

第一个原则是数据主权原则。数据主权是国家独立地享有对领域内的数据最高的占有权、管理权、使用权。该原则体现了国家对境内和境外开展数据活动安全性的监管,有利于维护数据主权。

第二个原则是重视数据安全和发展原则。《数据安全法》第 18

---

① 人民网,http://chuxin. people. cn/n1/2019/1106/c428144 – 31439727. html.

条规定，国家建立健全数据交易管理制度，规范数据交易行为，培育数据交易市场。这表明，保护数据安全并不是要将数据禁锢在"绝对安全的笼子里"；相反，这为数据资源流通提供了良好的环境。

第三个原则是政府主导、协同治理的原则。法案强调了包括中央国家安全领导机构（第 5 条）、各行业主管部门（第 6 条）、公安机关（第 6 条）、国家安全机关（第 6 条）、国家网信部门（第 6 条）以及国务院有关部门（第 12 条）等在内的 10 个政府部门主体的参与职责，明确了它们在保障数据安全上的权责关系，体现了政府部门在数据安全协同治理中的主导地位（刘桂锋等，2021）。

《数据安全法》使国家对数据主权的保护更加规范，但其并没有明确数据资源确权，该法案没有明确赋予组织、个人特定权利，对于数据权属关系仍旧比较模糊。而立法上的模糊可能会导致司法实践中的不统一。

2. 个人数据权利——解读《个人信息保护法》

就法律名称而言，个人数据在不同的国家中拥有不同的"名字"。欧盟多使用"个人数据"、日本多使用"个人信息"、美国多使用"个人隐私"表示。① 2017 年，我国《网络安全法》第 76 条首次对"个人信息"作出了定义："个人信息，是指以电子或者其他方式记录的能够单独或者与其他信息结合识别自然人个人身份的各种信息，包括但不限于自然人的姓名、出生日期、身份证件号码、个人生物识别信息、住址、电话号码等。"根据此规定，若某些信息能够识别出特定人的身份，且这些信息可以通过特定人进行关联，则可以判定这些信息属于个人信息。同上文讨论过的那样，数据是信息的必要载体，当采用"个人数据"的称谓时，我们关注的重点是数据作为信息的记录形式所呈现出的特点，即可被收集与

---

① 东方律师网，https://www.lawyers.org.cn/info/542208fb6a174eac851e3628a4a5fe26.

处理的特性。而当采用"个人信息"的称谓时,此时关注的重点就不是形式,而是其所承载的内容,即个人基于数据所享有的相关权利(张彤,2020)。从定义上来说,"个人信息"当然不同于"个人数据",但是从内涵上来说,当我们尝试单独讨论个人的数据权利时,使用"个人信息"作为讨论对象更合适。这一点对于本书下文讨论的欧盟"个人数据"、日本"个人信息"和美国"个人隐私"时同样适用。因此,本书依据《个人信息保护法》讨论个人数据权利,有其合理之处。

《个人信息保护法》对自然人的数据权利进行了规定。该法规定自然人享有对其个人信息的知情权、同意权、查阅权、删除权、更正权与补充权等权利。在义务方面,法案规定个人信息处理者,包括组织和个人应当合法合理地处理个人信息,并采取措施保障所处理的个人信息的安全。《个人信息保护法》最重要的原则之一是自然人的"知情—同意原则"。该法第44条指出,"个人对其个人信息的处理享有知情权、决定权,有权限制或者拒绝他人对其个人信息进行处理;法律、行政法规另有规定的除外"。此规定赋予了自然人对其个人信息活动中所产生的利益的知情权和支配权,从数据收集源头就重视保护用户的个人数据权利。

二 国外对数据资源确权的探索

在对国内进行考察后,我们将目光移向其他国家和地区。对于数据主权,不同国家和地区之间大同小异,都实施严格的数据管理制度。如美国的《出口管理条例》(*The Export Administrative Regulations*)就对部分重要数据进行了许可管制。俄罗斯则要求互联网运营商将数据储存在本国境内。而对于个人数据权利的规定,各国和地区则给予了不同的关注程度。基于此,以下将主要介绍欧盟、日本和美国对个人数据权利的规定。同时,我们将尝试借鉴其他国家和地区的立法经验,为我国制定法律提供部分参考。

(一)欧盟数据保护措施

欧盟《数据保护通用条例》(*General Data Protection Regulation*,

GDPR）（以下简称《条例》）于 2018 年 5 月 25 日全面开始实施。《条例》在 1995 年《数据保护指令》（95/46/EC①）上进行修订，对保护自然人享有的数据权利做出了规定，统一了欧盟各成员国内部不同的数据法律制度。《条例》对数据权利主体、数据控制和处理者和监管机构等主体的权利义务都进行了规范，主要有 11 章，包括 99 条内容。

相较于 1995 年的《数据保护指令》，欧盟《条例》的变化主要有以下三个方面：

第一，《条例》的主体适用范围更广。《条例》规定只要是涉及欧盟公民所拥有的资料或者向欧盟公民提供商品或者服务的公司皆适用于该《条例》，具体包括客户中有欧盟公民、欧盟供应商或者雇佣欧盟员工，涉及欧盟人员的组织、机构或企业。

第二，《条例》扩大了个人数据保护的范围。"个人数据"在《条例》中被解释为"任何可以直接或间接的可识别自然人的信息"。例如，涉及个人身份的资料如电话号码、车牌，涉及个人生物特征的指纹、脸部识别，涉及电子记录的 Cookie、IP 地址等。

第三，《条例》赋予了相关主体更多的数据权利，包括知情权、数据访问权等。《条例》关于个人数据权利的规定如表 3 - 8 所示：

表 3 - 8 　　　　　　　　《条例》规定的个人数据权利

权利内容	具体解释
知情权（Right to Know）（第 12 条）	企业在收集用户数据之前要征得用户的同意，使消费者知情自己数据将要被收集。用户针对自己数据的使用情况，仍有继续了解的权利
数据访问权（Right to Access）（第 15 条）	用户有权要求访问其个人数据，公司必须免费提供个人数据的副本，并根据要求提供电子格式

---

① 1995 年由欧盟委员会（European Commission）起草的指令，由欧盟理事会秘书处给予编号为 46，旨在保护个人数据权利和促进数据自由流通。

续表

权利内容	具体解释
数据限制权（Right to Restrict Processing）（第 18 条）	对数据准确性存在争议或企业非法利用数据时，用户有权禁止企业使用其个人数据（如由于技术限制或者出于公共利益不宜删除时）
被遗忘权（Right of Erasure）（第 17 条）	即用户有权要求数据控制者删除其个人数据，控制者有责任在特定情况下及时删除个人数据
数据携带权（Right to Data Portability）（第 20 条）	即用户可以自由地将其个人数据在不同的信息服务提供者进行转移
反对权（Right to Object to Processing）（第 21 条）	当数据控制者基于其合法利益（Legitimate Interest）处理个人数据，或是基于公共利益，如市场营销行为处理个人数据时，用户有权直接拒绝

资料来源：笔者根据王融（2016）和 Puiszis（2018）等文献进行整理。

《条例》的体系较为完善，对个人数据权利的保护可谓面面俱到。但是极其复杂的法律法规可能给企业增加了不必要的负担。一名来自科罗拉多大学的信息科学教授曾认为：《条例》极为复杂和模棱两可，最后将导致没有人能理解它。[①] 因此，我国在数据资源确权方面应该探索符合中国国情的个人数据资源保护制度（王利明，2013），不能盲目采用欧盟所制定的制度。

（二）日本对个人信息的保护措施

日本对 2005 年颁布的《个人信息保护法》（*Personal Information Protection Act*）进行全面修订，于 2017 年正式实施修订稿。《个人信息保护法》（2017）主要分为 4 个部分，共 7 章。[②]

与欧盟《条例》类似，日本的《个人信息保护法》（2017）采用"识别说"，将"个人信息"解释为"与生存着的个人有关的信

---

① THE NEW YORK TIMES："Europe's Data Protection Law Is a Big, Confusing Mess."，https://www.nytimes.com/2018/05/15/opinion/gdpr-europe-data-protection.html.

② 兰州大学法学院副教授柴裕红所译文本（原文作者为日本丽泽大学教授梶田幸雄）。

息中，姓名、出生日期等可以识别出特定个人的部分（包括可以比较容易地与其他信息相比照并可以借此识别出特定个人的信息）"（第 2 条）。这个定义与大部分国家的思路保持一致。与其他国家的规定相比，日本《个人信息保护法》中的"知情—同意原则"存在差异（方禹，2019）。对于一般的个人信息（不包括受政令规定的、为避免发生针对本人的人种、信条、社会身份、病历、犯罪经历、因犯罪而被害的事实及其他方面的不当歧视、偏见等需注意的个人信息），该法没有规定数据收集者在使用数据前必须取得用户同意，而是选择将其使用信息的行为默认为同意，只有当用户事后不同意或拒绝时才能停止该使用行为。此规定简化了信息的收集和使用流程，更加适应信息高度流通的特征。

（三）美国—加利福尼亚州个人数据保护措施

在美国，加利福尼亚州是第一个出台本州隐私法案的地区。2018 年 6 月 28 日，该州通过了《加利福尼亚州消费者隐私法》（*California Consumer Privacy Act*，CCPA）（以下简称《消费者隐私法》），该法将于 2020 年正式生效。促使这部法律出台的原因之一是全球范围内的大规模数据泄露事件频繁发生，如 2018 年 3 月被披露的剑桥分析公司（Cambridge Analytica）滥用数据丑闻，这引起了公众对数据隐私问题的高度关注。

美国并没有在联邦宪法中直接规定隐私权是一项宪法性权利，而是在司法判例中确认了隐私权的基本权利性质。进一步地，《消费者隐私法》表明了隐私权是加州宪法中的一项基本权利，其保障个人对自己的数据信息拥有控制权。该法案规定了消费者对于个人数据所拥有的权利（吴沈括等，2018），主要包括：①数据访问权。消费者有权要求企业披露所收集的个人信息。②数据删除权。消费者有权要求企业删除从消费者处收集的个人信息。③选择退出权。消费者在任何时候都有选择不出售个人数据的权利。除此之外，法案还对企业的义务进行了规定。《消费者隐私法》禁止企业对行使权利的消费者产生歧视（Nondiscrimination Rules），但是如果价格与消费者提供的数据所产生的价值直接相关，企业就可以以不同的价格、水平或质量向消费者提供产品或服务。综上所述，《消费者隐私法》并非是一部只重视个人隐私的法律，也是一部探讨企业信息服务模式的法案（晋瑞和王钥，2019）。

【案例：剑桥分析公司滥用数据丑闻①】

2018年3月，媒体曝光了剑桥分析公司从一家名为"全球科学研究"的公司手里购买了大量Facebook（脸书）用户数据（显然未得到用户同意），并利用这些数据进行用户特征刻画。在2016年总统大选中，有竞选团队借助这些非法数据，向选民们进行针对性宣传，借此影响选民对特定总统候选人的好感。在事件得到证实后，Facebook公司在2019年7月与美国联邦贸易委员会（Federal Trade Commission，FTC）达成了和解协议，并认罚50亿美元。FTC称这项罚款是"史无前例的纪录"。

第三节　数据资源确权的难点和展望

一　数据资源确权难点

根据上文的内容，我们可以知道数据资源确权的概念和实践情况都存在模糊性和不确定性。在理论上，数据资源的权属关系可以根据不同的目的进行不同的解释。在实践中，司法判例不尽相同。概括来说，数据资源确权面临以下难点。

（一）数据资源确权在理论上的难点

第一个难点是目前关于数据资源权属关系的规定较为模糊。对

---

① 凤凰科技网，https://tech.ifeng.com/c/7sGrc3UW2RM.

"数据权"的理解可以有多种，可以是数据主权和数据权利，也可以是数据产权等。不同的理解使政务、个人与企业数据权属关系的主体也不一样。对于政务数据，其权属关系较为明晰，属于国家所有。对于个人数据，个人享有数据收集和处理过程中的合法权利。对于企业数据，数据资源的权属关系一般体现在企业间的反不正当竞争纠纷中。在不同场景下，企业数据的所有权和使用权可能会发生变化。在确定数据的归属主体后，若无法进一步明确主体所享有的权利，则又会导致一系列纠纷，例如，华为与腾讯微信之间曾因为抓取用户数据产生纠纷。① 华为首次在荣耀 Magic 手机尝试人工智能应用，根据用户的聊天信息自动加载相关信息，然而在抓取微信数据时，腾讯却以侵犯用户隐私为由拒绝提供。实际上，华为和腾讯都认为用户数据属于用户，但我国尚且没有一部完整的法律对用户基于数据所拥有的权利作出明确规定，这就导致用户本身也经常不知道自己如何使用自己的数据。

第二个难点体现在数据资源确权在何为"数据"的问题上也有争议。如前部分提到的"个人信息"，我国《个人信息保护法》认为个人信息是以电子或者其他方式记录的与已识别或者可识别的自然人有关的各种信息，不包括匿名化处理后的信息（第 4 条）。然而有学者认为，个人信息的界定不仅要考虑其"识别性"，还要在动态中考察数据之间的"关联性"，匿名信息在特定的情境中并不足以保障个人信息的安全（范为，2016）。因此，对个人信息的解释应结合实际情况进行考虑。

第三个难点体现在数据资源权属界定的意义受到质疑。中国信通院互联网法律研究中心研究员杨婕认为，"数据权属"并非界定"数据权利"的必然前提。② 根据上文对欧盟、日本与美国等国家的数据治理的梳理可知，这些国家在数据资源权属的界定上实际上多

① 央广网，http://china.cnr.cn/xwwgf/20170806/t20170806_523887198.shtml.
② 经济参考报，http://www.jjckb.cn/2021-03-30/c_139845779.htm.

采取回避态度，它们在个人数据权利方面的规定则更加完善。事实上，本书在本章第一节就曾指出，法律层面上的数据资源权属争议对于数据生产要素市场的发展并不是关键所在，而这也正是具有经济学意义的"数据产权"被提出的用意所在。当前，我国应注重加强市场主体的参与，通过数据交易的市场规则来建立起有序的数据流通机制。

（二）数据资源确权在实践中的难点

第一，数据资源确权在国家与国家之间的跨境数据流通中存在困难。在实际生活中，数据资源确权纠纷多发生在个人与企业或者企业与企业之间。但是在国际交流中，由于各国制定的法律并不完全相同，如有些国家更加看重用户隐私，有些国家更看重数据自由流通等，因而关于跨境数据流动的纠纷也更多（尤其是 2013 年"棱镜门事件"后）。对于跨境数据流动，若监管力度过大，如《条例》对个人数据流动充分性认定的标注过于严格，会使国际服务贸易难以正常开展（胡炜，2016）。若监管力度过小，有可能对各国的数据主权造成侵害。除了监管力度大小不同外，监管目的是为了保护数据安全还是数据利益也是各国在数据资源确权方面的一大难点。

第二，数据资源确权在司法实践中未能统一。比如，不同国家对个人信息的定义范围存在不同。各国对"个人信息"的定义常常追求"全覆盖"，这就导致在实践中，几乎任何信息都可以具有"识别性"和"关联性"（方禹，2019）。调整对象过宽使法律在实际运用中变得寸步难行，司法判例有时更加注重个人隐私，有时又更加注重数据资源的收集和使用。

第三，数据资源确权难以平衡好各方的利益。数字经济时代下，数据资源在国家、社会、企业、用户等不同方面拥有不同的权益。当数字资源确权偏向任意一方时，其他几方的权益难免会受到影响。如欧盟《数据保护通用条例》中对个人信息的严格保护就可能使企业在收集和使用数据时受到过度限制，这明显不利于数据的自由流通和发展。但当企业缺少监管时，个人信息的隐私权又可能受到侵犯。因此，在维护市场活动有序进行的前提下充分开发数据资源的价值，平衡好各方的利益，是落实数据资源确权的关键。

二　数据资源确权展望

在数字经济时代，各国已经将数据资源视为重要的战略性资产。习近平总书记在主持中共中央政治局第二次集体学习时指出："要制定数据资源确权、开放、流通、交易相关制度，完善数据产权保护制度。"① 完善数据资源确权需要从法律和实践中讨论。

从法律的角度看，制定数据资源确权制度首先需要完善法律法规。数据资源权属关系涉及国家、企业和个人，利益牵涉之广难以估计。在数据要素市场中，企业和消费者作为重要的市场主体，却不能在统一的规章制度下进行交易。制度的缺少导致市场主体之间不能进行安全、便捷的交易，这显然不利于数字经济的发展。当我们考察我国互联网企业间的数据纠纷案例时，可以看到司法常常引用《反不正当竞争法》进行判决。《反不正当竞争法》② 第 1 条指出该法的主旨是"鼓励和保护公平竞争"。然而对于数据资源，非竞争性和弱排他性的特征导致其价值更多地体现在共享和流通中。基于此，《反不正当竞争法》始终不能完全适用于规范数据要素市场。换句话说，我国对于数据资源权属的规定仍处于初级阶段，急需相关法律法规对此进行规范和解释。目前我国已经颁布的《数据安全法》和《个人信息保护法》对数据安全和个人信息利益保护来说，称得上是"关键节点"，是我国立法在数字资源和信息领域的新的探索。未来，我国应将立法重点放在数据产权保护、数据生产者权益保障以及数据自由流通等方面，加快建设数据产权保护制度。从实践的角度来看，我国在司法实践中可以依据立法精神，尝试平衡数据安全和数字经济发展之间的关系，从司法判例中探讨数据资源

---

① 中国政府网，http：//www. gov. cn/xinwen/2017 – 12/09/content_ 5245520. htm.

② 中国人大网，http：//www. npc. gov. cn/npc/c30834/201905/9a37c6ff150c4be6a549d526fd586122. shtml.

确权制度。对于跨境数据流通，则需要我国与其他国家进行协商，在维护国家数据主权的前提下积极促进数据流通，使数据的价值得到充分发挥。

本章阅读导图

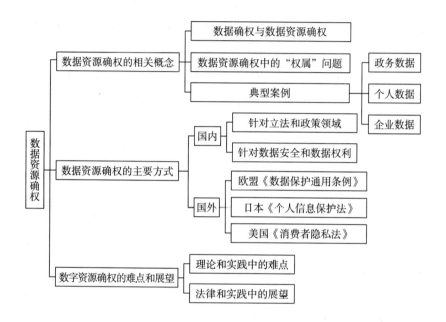

拓展阅读：数据资源确权的必要性

1. 数据资源确权是数字经济发展的必然结果

一方面，数据经济发展使其应用领域扩展越发快速，如大数据、云计算等新型科技兴起。这将导致有关数据资源的权利义务关系变得更加错综复杂，此时仅仅依靠技术本身解决这些技术纠纷是不够的，还需要建立起一系列制度，如构建数据产权制度以解决相关问题。另一方面，构建起数据资源确权制度后，将有利于引导数据资源向着更健康、更广阔的方向发展，为数据跨境流动提供更严格的制度保障。

2. 数据资源确权不足引发一系列问题

首先，数据安全问题。数据不仅是企业重要的竞争资源，也是承载着用户个人信息的重要载体。因此，当数据生产者缺少约束，使数据被滥用或泄露，可能会造成巨大的社会成本。类似的案例在生活中存在不少，如2020年12月，网友发现只需要利用一瓶矿泉水的价钱就可以买到70个当红明星的登记证件照，而获取照片的方式非常简单：只需要在"健康宝"小程序中输入姓名和身份证号即可查询到指定人的健康宝照片。这使人脸识别安全隐患更加令人担忧。

其次，数据垄断问题。数据垄断的本质关乎"数据到底属于谁"，这在当前的数据资源确权进展中未能得到明确。经营者不仅可以在原有的用户基础上收集和利用更多数据提升产品质量，也可以将这些大数据通过算法推荐等方式精准定位用户所需，获取利益（曾雄，2017）。这种发展模式逐渐形成闭环，使新进入者很难快速与这些大规模经营者进行竞争。

最后，数据流通问题。国务院于2015年出台了《促进大数据发展行动纲要》，明确指出要引导和培养大数据交易市场，鼓励市场链各环节的市场主体进行数据交换和交易，促进数据资源流通。毫无疑问，数据交易平台在数据交易中充当重要的角色。但在2021年4月，腾讯公司将游戏交易平台DD373起诉至法院，请求法院判决DD373交易平台侵犯了腾讯的作品信息网络传播权。在庭审中，腾讯方律师根据用户协议指出玩家用户对游戏账号、游戏币等虚拟产品只拥有财产上的使用权，而无所有权，故玩家用户无权对该虚拟产品进行交易。此案件的争议焦点又回到了数据资源确权上。若不解决数据资源的所有权归属问题，数据资源的交易流通将会举步维艰。

第四章 数据资源流通

当数据成为一种新型生产要素和社会资源，其流通环境、流通规范和流通带来的经济效益是需要重点关注的问题。本章主要介绍数据资源流通的概念、内涵与安全技术，并结合数据资源流通的实践现状，分析数据资源流通的难点与风险。第一节概述数据资源流通，包括数据资源流通的定义和内涵等。第二节介绍数据加密、数据脱敏、区块链和联邦学习等数据资源流通安全技术。第三节从无偿和有偿两种模式分析数据资源流通的实践情况。第四节结合现状分析数据资源流通中存在的主要难点与风险。

【导读案例：数据资源跨境流通的逆流——数据本地化】

2021年5月，微软出台了名为"微软云的欧盟数据边界"举措，该举措适用微软核心云服务 Microsoft 365、Dynamics 365 和 Azure，旨在帮助欧盟客户于2022年前将他们的所有数据存储在欧盟地区，即完成欧盟地区微软用户的数据本地化。该举措的意义在于帮助用户所在国家管控重要且高风险的数据，实现保持本国竞争力与保障国家安全的双重目标。

数据本地化目前没有严谨的学术定义，通常指国家出于维护本国经济发展、国家安全和民众隐私的目的，采取一系列管控措施，最终把数据的流动范围限制在本国内。根据数据本地化管控措施从严格到宽松可以划分为四种情形：数据导出与拷贝不能离开本国；对于离开本国的数据必须保留本地副本；在征得用户同意后可以跨境传输；在确保客户隐私安全的情况下可以自由转移数据。

　　事实上，数据本地化趋势在微软实施该举措之前已经出现。早在 2019 年，字节跳动公司的产品 TikTok 就被印度政府强制下架，理由是该软件涉嫌以未经授权的方式窃取用户数据，并将这些数据秘密传送至位于印度境外的服务器，侵害印度公民隐私。这使字节跳动公司不得不拨出超过 1 亿美元的资金在印度建立数据中心，以解决 TikTok 在印度的数据隐私问题。截至 2020 年 6 月，印度政府已经累计禁用包括微信、微博等 59 个中资公司运营的 App，理由均是数据流通至境外有损国家安全与公共秩序。

　　数据本地化的首要目的是直接控制本国数据所承载的价值，次要目的是对附着在数据流上的本国权利进行保护。继 2015 年裁定"美欧安全港框架"无效①以来，欧盟法院于 2020 年 7 月再次判决 Schrems II 案，认定美欧数据跨境转移机制"隐私盾"（Privacy Shield）无效、欧盟标准合同条款（Standard Contractual Clause）继续有效，这是数据资源跨境流通受限的又一典型案例。②

① 在隐私权保护上，美国倾向于灵活保护的策略，欧盟倾向于严格的立法。美、欧由于在隐私数据管理方式上的不同，于 2000 年 5 月签订了《安全港协议》，作为数据跨境传输的规范文件。2014 年，奥地利居民 Max Schrems 认为美国脸书公司侵犯个人隐私，将脸书告上法庭，引发欧洲法院 2015 年 10 月裁定《安全港协议》无效。

② 21 世纪经济报：《微软欧盟数据存储处理本地化后：数据跨境流通限制的"内卷"新态势》，https：//baijiahao. baidu. com/s? id = 1699557731300594227&wfr = spider& for = pc.

【案例探讨】

思考：为什么数据资源跨境流通的限制越发严格？

第一节　数据资源流通概述

数据资源流通伴随着巨大的价值流动。2020 年我国的数据要素市场规模达到 545 亿元，预计在"十四五"时期突破 1700 亿元。[①]《中共中央关于制定国民经济和社会发展第十四个五年规划和 2035 年远景目标的建议》明确强调了"建立数据资源交易流通、跨境运输等基础制度和标准规范"。在我国建立数据资源流通制度和标准，首先需要明确数据资源流通的相关概念，本节将介绍数据资源流通的定义和数据资源流通的内涵。

一　数据资源流通的定义

数据的资源属性决定数据资源流通的定义。在第一章中数据资源定义为"数据资源是可被机器读取的、所有可能产生价值的数据的集合，具有可利用性和潜在价值性"。在经济学中，资源属性在于将资源合理配置的前提下让资源产生经济效益。这意味着，数据只有真正进入生产环节并产生经济效益，才能被定义为资源并发挥其资源属性。数据资源的价值在于它蕴含了信息，数据资源拥有者通过现代信息技术对数据进行分析归纳、总结规律，将杂乱、无序的原始数据整合为可视、可用、规范、真实的高质量数据集，实现数据的资源化。[②]

流通是经济学中的常见概念，一般出现在商品和贸易的有关概

---

① 新浪财经，https://baijiahao.baidu.com/s? id = 1699096199174751974&wfr = spider&for = pc.

② 中国信通院：《数据价值化与数据要素市场发展报告（2021）》，https://wenku.baidu.com/view/e9e53bc31b2e453610661ed9ad51f01dc38157f2.html.

念中。经济学中的流通通常指生产要素或生产成果的流通，既包括以货币作为媒介的商品交换，也包括人与服务的流通。数据既是一种生产要素，也是一类生产成果。当数据作为生产要素时，数据资源流通集中在以数据为中心的产业链条中，数据作为采集、加工、存储、交易的对象，拥有全生命周期。当数据作为生产成果时，数据资源流通既包含数据资源产品的流通，也包含基于数据资源的分析结果、决策服务和平台服务等数据资源衍生产品的流通。

数据资源流通目前并没有统一的定义。已有研究中，学者大多采用列举法进行描述，通过列举流通方式，数据资源流通可定义为数据开放、数据共享和数据交易三种方式（高富平，2019；张钦坤，2020；顾勤，2021）。也有部分学者使用阐释法，从意义的角度加以描述，如黄春海（2021）认为，数据资源流通是数据价值得以实现的方式，是社会运行的必需要素。只有少数文章采用直接定义法，如闫树（2018）定义数据资源流通是数据的提供和需求两方在特定流通规则下，以数据为对象进行的行为；数据中心联盟发布的《数据流通行业自律公约（第二版）》定义数据资源流通是通过采集、共享、交易、转移等方式，实现数据或数据衍生品在不同实体间转换的过程。[①]

本书结合已有的研究和观点，给出数据资源流通的完整定义，即数据资源流通是指在生产活动中，将所有的可能产生价值的个人、企业或公共部门的数据集合作为生产要素或者商品，以无条件开放、有条件有范围共享、个体间交易等方式，实现已有数据集或数据衍生品在不同主体间转移、释放数据资源价值的行为。

二　数据资源流通的内涵

结合上文给出的定义，下文将从数据资源流通参与者、流通方式与流通理论三个方面进行阐述，便于读者深刻理解数据资源流通

---

① 中国大数据产业观察，http：//www. cbdio. com/BigData/2016 – 07/08/content_5065089. htm.

的内涵。

（一）数据资源流通参与者

数据资源流通的不同方式会涉及不同参与者。本书参考大数据产业链，从生产与交易的流程出发，将数据资源流通的参与者分为数据资源需求方、数据资源供给方和数据资源中介。在目前的流通环境下，数据资源的流通通常需要借助数据资源中介完成，但随着技术进步和安全意识提升，无第三方参与的数据资源流通也在快速发展。

数据资源需求方是指对数据、数据衍生品、数据衍生服务等不同形式数据资源具有需求的经济主体。数据资源需求方可以分为狭义和广义两类。狭义的数据资源需求方即数据消费方，主要以大数据产业上游提供的数据产品和数据服务为消费对象，是产业链的终点。数据消费方具体包括政府决策部门、企业和个人，需求目的是对数据资源进行可视化分析，从而辅助决策或者优化流程。广义的数据资源需求方既包括数据消费方，也包括数据产品提供方、数据服务提供方和数据衍生服务提供方①。后三者通过不同渠道获取数据资源，将其作为深度挖掘的对象，使用机器学习、强化学习等方法建立模型，实现特征提取和决策指导，为产业链更下游的组织或个人提供产品或服务。与大数据消费方不同的是，后三者并不是产业链的终点，它们对数据资源的需求并非为了提升自身的生产效率，而是为数据处理能力不强的企业提供服务。数据资源的需求方并不是固定的，同一组织或个人可以同时作为数据资源的供给方和需求方，如图 4 - 1 所示。

---

① 数据产品提供方：提供数据相关产品的单位，包括但不限于提供数据应用软件、基础软件、相关硬件产品的企业等。数据服务提供方：主要指基于大数据核心技术提供数据价值挖掘服务的企业，包括数据存储服务提供方、数据分析服务提供方、数据基础设施服务提供方等。数据衍生服务提供方：主要是数据在各行业、各领域深度融合产生的新业态服务商。数据衍生服务提供方将数据与各领域深度融合发掘数据价值，拓宽数据应用场景。

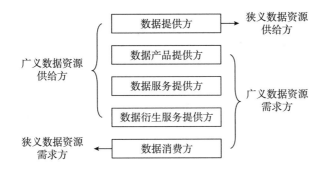

图 4 - 1　大数据产业生态分类

资料来源：笔者根据中国信通院《大数据标准化白皮书（2020）》整理绘制。

数据资源供给方是提供数据、数据衍生产品等形式的数据资源的经济主体。类似于数据资源的需求方，数据资源供给方也可以从狭义和广义上做出区分。狭义的数据资源供给方即是数据提供方，是数据产业链的起始点。提供方将数据导入产业链，以供其他所有参与方进行数据访问、数据处理和数据分析。广义的数据资源供给方既包括数据提供方，也包括数据产品提供方、数据服务提供方和数据衍生服务提供。后三者提供的数据资源是原始数据的衍生产品①，包括数据可视化结果、基于数据的决策方案等。在我国，政府、BAT②和电信运营商等几个核心企业或部门相对集中地拥有海量数据资源，它们是最常见和最大的数据资源供给方。③

数据资源中介是指促进数据资源流通的平台，主要功能包括撮合数据资源交易、提供数据资源获取渠道和挖掘数据资源信息等。目前最常见的两种中介（平台）分别是国有企业式平台和政企合作式平台。贵阳大数据交易所是典型的国有企业式平台，其运营企业

---

① 数据的衍生产品既包括衍生的数据集和可视化结果，也包含基于数据集的决策依据等。

② BAT：即百度（Baidu）、阿里巴巴（Alibaba）和腾讯（Tencent）三家互联网巨头公司，BAT 即为三者首字母的组合。

③ 搜狐新闻，https://www.sohu.com/a/124812923_400678.

为贵阳大数据交易所责任有限公司，控股公司包括贵阳市大数据产业集团有限公司（24.8%）、九次方（22%）、北京亚信（21.5%）等。① 政企合作式平台以山西数据交易服务平台为代表，山西数据交易服务平台与百度在山西太原建立了人工标注基地，由百度主要搭建人工智能平台并进行线上运营。数据资源中介一般具有较广泛的服务方式，包括但不限于提供数据解决方案、定制服务、撮合数据交易服务等，涉及行业涵盖通信、金融、医疗、工业、农业等。当然，数据资源流通并不一定需要数据资源中介的参与，在现行数据交易市场法规不完善的情形下，当下的热门研究之一就是不需要第三方参与的数据资源流通安全技术。具体内容将在第二节阐述。

（二）数据资源流通方式

已有研究从多种划分维度出发，将数据资源流通方式分为不同的类别。选择不同的划分维度可以明确不同情形下的流通性质，为不同研究方法提供便利。下文将介绍几种常见的划分方式和意义。

1. 价值转移维度

第一种划分方式是从价值转移维度划分数据资源流通，这一类划分的依据是数据资源在主体间转移时是否付出代价，具体可分为无偿数据资源流通和有偿数据资源流通。无偿数据资源流通指数据资源开放，只有数据初始提供者的单方面价值流出和需求方的单方面价值流入。数据资源开放使数据资源需求者能够自由使用、重用以及重发布该数据，从而扩大数据资源使用者范围。有偿的数据资源流通包含两种情况：①数据资源共享，特指有限主体之间数据资源使用权的共享，且不进行货币结算。进行共享的双方通常存在一个数据资源需求方和一个数据资源供给方，此时需求方需要支付的"共享对价"可以是其他数据资源、关联业务服务、贸易优惠等。②数据资源交易，即数据资源需求方通过支付货币的方式，从数据资源供给方获取数据资源相关权利，一般情况下交易对象为数据资

---

① Wind 数据库。

源使用权而非所有权。

这种划分方式最常见，其意义在于区分出数据资源在转移时是否发生价值交换，从而探讨不同价值意义下的问题。当讨论数据资源无偿流通时，学者通常研究政务数据资源的社会价值。以数据资源无偿流通为主题的研究主要包括政务数据资源开放的相关政策、数据安全流通技术和政务数据资源的内含价值等。以数据有偿流通为主题的研究一般考虑社会数据资源的经济价值，主要探索更加公平有效的数据资源共享模式和交易模式。学者选择价值转移方式的分类方法，还可以聚焦研究数据资源流通机制，回避尚未达成共识的问题。例如，学者可以从价值转移或商品交易的角度探讨数据资源流通的机制问题，回避数据资源权属对交易机制的影响。

2. 许可使用维度

第二种划分方式是从数据许可使用的维度，这一类划分的依据是数据资源供给方和需求方的对应数量，流通方式可分为一对一、一对多和多对多（高富平，2019）。一对一许可模式是指数据资源供给方仅向特定的某个需求方提供数据使用权，向需求方开放内部数据库或者信道①，允许需求方进行特定范围内数据资源的下载、筛选或特定运算等。一对多许可模式是指一个数据供给方给多个数据需求者提供数据流通许可，面向的群体是社会大众。多对多许可模式则是在特定主体之间，通过协议或者约定的方式，相互准许对方或多方使用本地的数据资源，或者获取本地数据的分析图表、统计结果等。

这种划分简洁明了，易于区分权责，因此常被用在数据资源流通的实践中。例如，一对一许可模式可见于企业间商业合作性的一对一使用许可，具体表现为签署单独数据许可使用合同（如开放

---

① 信道即频道，是信号在通信系统中传输的通道，信道的狭义定义是信号从发射端传输到接收端所经过的传输媒质。信道的广义定义除了包括传输媒质外，还包括信号传输的相关设备。

API ①接口协议）。一对多的许可模式要求数据资源流通的可控性和有序性，一般需要通过专门的交易平台来完成，例如我国的上海数据交易中心、美国的数据经纪人。多对多许可模式也称为网状结构流通模式②，大多涉及数据资源共享或开放。

3. 所有权维度

第三种划分方式是从数据所有权维度，这一类划分的依据是数据资源所有者不同。从主体出发，数据资源流通可分为个人数据资源流通、企业数据资源流通和政务数据资源流通。本书第三章从数据资源权属角度，介绍了个人数据资源、企业数据资源和政务数据资源的定义。对应的，个人数据资源流通是指从个体出发，将具有经济效应和研究价值的个人信息，进行单方面的，向企业、机构或部门的转移。企业数据资源流通分为内部流通和外部流通，内部流通指企业内各部门关联不同域数据，方便内部信息交互与查询，优化业务决策流程。外部流通是指企业形成共享企业数据资源。政务数据资源流通是指公共部门对数据进行汇总和整理形成数据资源，并按照数据隐私程度对社会进行的共享与开放。

这样划分的意义在于赋予了数据资源明确的权属，可以在法律层面研究数据资源流通的相关问题。个人数据资源流通涉及个人隐私和公共安全；企业数据资源流通既涉及企业及其用户的财产权益，也涉及流通中的合规问题等；政务数据资源流通则涉及数据主权问题。

4. 流通形态维度③

第四种划分方式是从流通形态维度，这一类划分的依据是数据

---

① API：全称 Application Program Interface，应用程序接口，是一系列已经封装好的定义、执行命令等的集合。程序员可以通过 API 接口实现计算机之间通信、开发应用程序等操作。

② 中国信通院：《数据流通关键技术白皮书》，http://www.360doc.com/content/18/0516/23/30942300_ 754554187. shtml.

③ 《大数据白皮书（2020）》，http://www.ideadata.com.cn/temp/article/file/20210115/1610676847871064775. pdf.

资源的流通形态存在差异。从流通形态维度，流通方式可分为原始数据集形态的数据资源流通，数据加工品形态的数据资源流通和成品形态的数据资源流通。原始数据集形态的流通以原始数据集作为流通对象，向数据需求者提供原始数据集或数据库，按照数据资源的相应规模、等级、质量等分级收费。数据加工品形态的流通是向需求者提供数据处理、数据可视化、数据特征挖掘等服务，帮助需求者实现舆情分析、精准营销、个性化推荐等特定功能。成品形态的流通指按照需求者的定制需求，进行个性化的平台设计、搭建完善且匹配的数字平台，此时流通的数据资源更偏向供给者自身的技术资源。

这样划分的意义在于明确数据资源在流通中的存在形式，为数据资源确权或数据资源定价问题研究提供便利。例如定价问题，其影响因素之一就是数据资源在交易中的存在形态。附加了更多人工成本的数据资源，其价值一般更高。表4-1对数据资源流通的划分方式进行了简单总结。

表4-1　　　　　　数据资源流通的几种划分维度

划分维度	包含种类	侧重点
价值转移方式	无偿	主要考虑数据资源流通的对价
	有偿	
数据许可	一对一	主要考虑数据资源流通双方数量
	一对多	
	多对多	
数据所有权	个人数据	主要考虑数据资源流通中产权的归属，判断权益归属
	企业数据	
	政务数据	
流通形态	原始数据集	主要考虑数据资源在流通中的存在形式
	数据加工品	
	成品提供	

资料来源：笔者根据公开信息整理。

当然，数据资源流通的分类还不止于此。从是否将数据资源看作行业起点的角度，中国信通院发布的《大数据白皮书（2020）》将数据资源流通分为以数据为主体的要素型流通和依附于现代信息技术产业的服务型流通。但因为这样的分类方式在研究中应用不广泛，本书中并没有详细讨论。将数据流资源通方式基于不同研究目的进行划分，有助于聚焦研究的核心问题，更好地挖掘数据资源价值。

（三）数据资源流通理论

读者理解数据资源流通的内涵也包括对其经济学含义的理解。本章在数据资源流通的定义中特别指出数据资源的流通是价值转移的行为，因此我们需要梳理数据资源流通的相关理论，从理论中探寻数据资源流通如何释放价值。本小节首先介绍商品流通的相关理论，分析流通在经济学中的不同意义。然后从微观、中观和宏观三个层面介绍数据资源流通如何释放价值。

1. 流通相关理论

西方经济学中，关于流通的研究并不占据主流地位。西方经济学理论研究的重点经历了几番改变。在工业时代，商品贸易和货币流通是古典经济学关注的重点，其中关于城市和商业活动的贸易理论非常发达；在边际革命之后，经济学的研究重心转移到市场供需关系和市场竞争上，流通理论逐渐边缘化（沈重耳等，2020）。数字经济时代，数据作为特殊形态的商品和要素，流通是其发挥价值的基本途径。而当数据的资源属性和资产属性逐渐清晰后，传统的流通理论已经无法完美地解决数据要素生产、分配等问题。因此，人们开始关注与思考数据资源流通的相关制度，探索更加贴合时代的流通理论。马克思主义政治经济学、流通经济学、信息经济学均对流通理论有所探讨，可以为数据资源流通理论的发展提供一些观点与思考。表4-2列举了三种学说中的相关理论与侧重点。

表4-2　　　　　　　　　　不同学说中的流通理论

学说	理论观点	重点
马克思主义政治经济学	如果把生产过程和流通过程当作两个要素来看，那么其中每一个又都以双重身份出现。现在已经确定的是，流通本身是生产的一个要素，发达的商品流通才形成资本流通；如果把流通本身当作生产过程的整体来考察，那么生产只是流通的要素（马克思和恩格斯，1974）	流通与生产一样重要，是社会总生产的重要部分
流通经济学	商品流通是一个过程总和，在这个过程中商品的形态不断改变，不断循环，与其他商品的循环不可分割地交错在一起	流通是社会再生产的重要环节
信息经济学	宏观信息经济学将信息产业看作第四产业，以统计数据和数量分析作为信息经济发展的测度，研究信息商品的生产、交换、消费、分配规律和信息资源的配置问题；微观信息经济学重点研究非对称信息下的经济问题，以及信息商品和信息产业的经济规律	数字经济背景下研究信息这一要素的流通，其外在形式是数据资源的流通

资料来源：笔者根据公开信息整理。

2. 数据资源流通如何释放数据资源价值

数据资源流通伴随着数据资源价值释放，为数字经济发展带来巨大价值。数据资源具有累积性和非损耗性，因此其价值并不随使用次数的增多而降低，反而会因为在不断的流通中与其他数据汇集、共同演算分析，最终丰富自身的信息和价值。我们接下来从微观、中观和宏观三个方面阐述数据资源流通如何进行数据资源价值释放。

从微观层面看，数据资源流通释放数据资源的使用价值和交换价值。数据资源流通是数据价值的实现方式（高富平，2019）。第二章中谈到，数据资源的价值是在不同维度之间跨维流动而产生，由内在价值、表征价值和应用价值构成。从流通的角度出发，数据资源在流通中表现出使用价值和交换价值。数据资源的使用价值即应用价值，具体表现为数据资源本身蕴含的信息价值，以及作为衍生产品和衍生服务的功能价值。数据资源在履行使用价值功能时，反映了使用者对已有数据资源的自我调用与内部流通，其目的在于挖掘数据资源信息，从而辅助决策、获取知识等。数据资源交换价值是数据资源与货币、同类型资源或其他服务相交换的价值，其基础是数据关联性、准确性和数据质量（张敏，2017）。因为同样的数据在不同场景和不同算法下可能呈现的结果不尽相同，所以数据资源的不断流通可以从不同角度释放数据信息，每一次的数据资源流通都代表着数据资源潜在使用价值的实现，且每次所释放的潜在价值可能存在差异。无论是共享还是交易，数据资源的价值都体现在市场价格中，这也是交换价值的直观体现。

从中观层面看，数据资源流通速度影响商品流和资本流的速度（蔡超，2020）。从流通经济学的角度，商品流和资本流会随着生产要素流通过程的推移而发生变化。在历史上，商品采购、生产、运输、销售等各个环节是独立的。这是因为生产要素和信息流通速度缓慢，完成一次资本流通的时间周期长，各个环节不得不相对独立进行，这时流通环节成为采购和运输环节的附庸。而在数字经济时代，数据资源流通的中观影响体现在数据资源赋能生产要素的流通。随着物联网和大数据技术的应用，采购、生产和运输环节可以通过大数据实时追踪；随着区块链和量子技术的发展，生产要素与商品的交易可以不借助第三方开展。当数据资源流通时间缩短，流通费用降低，流通对于社会经济发展的推动就会越来越突出。无论是对企业还是对国家，数据资源的流通速度快慢代表了发展竞争力强弱。

从宏观层面看，数据资源流通的发展也为国家数字经济发展指明方向。在宏观方面，数据资源流通的发展可以指导国家的三个发展方向：逐步形成数据驱动型市场；以数据资源流通引导社会资源配置；完善数字政府建设与治理。首先，在市场层面，数据资源的流通与汇总，可以使经济主体获得详细的用户需求信息，精准定位市场发展趋势和行业走向，利用新技术，创造消费者喜爱的全新产品，最终让整个行业形成迎合消费者偏好的服务模式，形成数据驱动型市场。其次，在社会资源配置层面，无论是数据商品化还是数据赋能产业，都可以避免传统市场中的信息不对称问题，即传统市场中货币价格传递的供需信号滞后于真实市场价值判断。市场体系内的各个要素资源可以据此进行更合理和更高效的配置，降低市场失灵的风险。最后，在政府治理层面，政府宏观调控职能的发挥，也必须学习借鉴大数据思维，以数字科技来服务宏观经济治理。同时将数字技术融入政务管理中，打造智能政府，提高人们生活质量，完善数字政府的建设与治理。

第二节　数据资源流通的安全技术

目前，企业、组织和机构等在数据资源流通模式和技术方面的探索都有一定的进展。为了保障数据资源流通的安全和效率，当前的研究热点集中在探寻更加成熟的数据资源流通的安全技术，主要包括数据加密、数据脱敏、区块链和联邦学习技术。

一　数据加密技术

数据加密是最基础的数据安全技术之一，是一种实用的主动安全防御策略。数据加密技术主要通过对传输信息进行特定方式的访问权限制，达到保障数据安全的目的。数据加密技术是指将一条信息（或称明文）经过加密钥匙及加密函数转换，变成无意义的密文，而接收方则将此密文经过解密钥匙、解密函数还原成明文。[①]数据加密的方式可大致分为对称加密和非对称加密两类，其中非对称加密法的安全性更高。公私钥加密法，也称为非对称加密，是使

---

① 《计算机网络安全的数据加密技术》，https：//baijiahao.baidu.com/s？id = 16969146888891272451&wfr = spider&for = pc.

用不同密钥进行加解密的更为复杂的数据加密方法。公钥的信息是可以对外公开的，而私钥的信息仅限于使用者自己知道。在实际的数据资源流通过程中，数据资源所有者通过公钥对数据资源进行加密，接收方（即数据资源使用者）通过私钥调取和解密特定字段的数据资源，并对获取的数据资源进行后续使用。

在实际运用中，数据加密技术有几种比较常见的方式。第一种是上文提过的密钥，这是数据加密技术的核心。在这种方法下，黑客截取流通中途的数据没有意义，因此能够有效解决流通过程不安全问题。第二种是 USBKey，一般在银行交易系统中使用居多，应用过程是银行与用户同步对同一信息进行相同不可逆运算，当且仅当两运算结果相同时才确认信息真实性。第三种是数字签名，其通过识别用户身份来进行数据加密与解密，加密和解密的两种运算互补，只有同时使用才能形成一套完整的数字签名。

数据加密技术的优势在于成本低，需要进行安全保护的环节相对少。数据加密技术是端到端的技术，只在数据传输的源点和终点使用。在运用数据加密技术后，数据的流通过程是不进行解密的，因此数据流通过程中不需要额外的保护成本，即使流通节点发生损坏和泄露，也可以保证信息的安全。这样的端到端的流通方式价格相对便宜，且相比于链路加密等对传输过程的加密方式更安全。

然而，数据加密技术的缺点在于只能保障静态数据的安全，无法保障数据在被处理的过程中不会被复制和泄露。在这种情况下，组织只能有意识地选择数据流通对象和范围，将数据流通范围限定为其信任的第三方，以此防止数据的非法泄露，但是这并不能完全解决数据流通过程中的安全信任问题。不过随着数据流通的主流模式从传输改变为数据可用不可见①，对数据加密技术的研究热度也

---

① 数据可用不可见：是中国科学院院士姚期智在 1982 年通过提出和解答注明的百万富翁问题，他证明出在数据明文上可以进行的计算，在密文上也可以进行计算，并得到与明文计算完全一致的结果。在密码学领域表述为"一组互不信任的参与方之间在保护隐私信息以及没有可信第三方的前提下的协同计算问题"。

有所降低。

二　数据脱敏技术

数据脱敏技术，也称为数据漂白，是指用户在不影响数据分析结果准确性的前提下，对原始数据中的个人信息、企业运营、交易等敏感字段进行处理，从而降低数据敏感度和个人隐私泄露风险。通常情况下，数据脱敏需要满足两个要求：一方面，原始数据脱去敏感信息后，能够在应用阶段最大限度保留有意义信息，这要求脱敏数据保留的有效信息（通常是隐私信息）尽可能多。另一方面，最大程度地防止黑客或第三方进行破解，即保证脱敏后原始数据不被还原，这也就要求脱敏数据含有的隐私信息尽可能少。

数据脱敏操作的基本思路比较简单，但是数据脱敏方法的随机性和可自定义属性使数据脱敏技术依旧是有效的数据安全技术。数据脱敏通常遵循三个步骤：①识别出数据资源中含有的敏感字段信息；②利用替换、遮蔽或删除等技术将敏感字段信息脱敏；③对脱敏处理后的数据集进行评价，确保其符合脱敏要求。业界常见的脱敏手段一般为更换、重拍、加密、截断等方式，用户也可以根据自定义特定字段的算法进行脱敏处理。数据脱敏是对敏感、隐秘的数据提供可靠保护的方法之一。但是这种处理技术也存在一些问题，如果数据被逆向还原，那么脱敏处理就毫无作用。

数据脱敏技术的优点在于可以防止隐私数据滥用、满足数据合规要求。首先，对数据进行脱敏处理可以防止企业或组织内部对于隐私数据的滥用。企业或组织如果在存储数据之前就进行脱敏处理形成脱敏产品，则无论是数据意外泄露还是人为泄露的情况，都可以保护用户的隐私信息。其次，脱敏后数据可以满足流通中的合规性。当数据完成脱敏形成数据产品后，企业或组织就拥有了该产品的所有权，可以进行不同部门的共享或对外交易，从而获取收益。此外，数据进行脱敏处理后变得更加规范，方便内部设计人员、顾问、开发人员等协同使用。①

数据脱敏技术的缺点表现在合规性不足和智能性不足。一方面，数据安全相关政策的不断出台使数据脱敏的合规标准不断更新（王卓，2020），许多企业的技术更新不及时会导致产品不合规。由于数据脱敏的可自定义属性，许多企业在数据脱敏时采用简单脱敏方法，且长时间不更换，使流通的数据并未达到安全性要求。另一方面，随着数据维度和种类不断膨胀，基于用户制定策略的脱敏规则和算法效率低下（王卓和刘国伟等，2020），需要应用机器学习等算法，实现自动化的实时敏感数据脱敏。

三　区块链技术

区块链技术也叫分布式账本技术，属于数据库技术的一种。②区块链的核心思想是以时间顺序将数据区块依次链接，形成链式数据结构的数据块。再结合密码学方法，保证数据块不可篡改、不可伪造。

区块链技术的特性能够解决数据流通中的准确性和安全性问题。区块链技术的不可篡改性和分布式账本特性可以使任意区域对于数据的擅自删改都会引起与其他区域的冲突。数据的质量因此获得前所未有的强信任背书，大大提高了数据挖掘和数据分析结果的准确性。区块链可以增加在保护用户数据安全、防止数据泄露的前提下实现数据流通的可能性。区块链的可追溯性使数据从采集、流通到计算分析的每一步记录都可以留存在区块链上。任何第三方对数据的泄露或盗用行为，都可以利用链式结构进行追溯。因此，用户可以进行更加安全的数据共享，包括对用户位置数据的共享、对病患医疗数据的共享、对用户身份识别数据的共享等。

区块链技术的缺点主要在于成本高昂。首先是安全成本，但区

---

① 《中安比特数据库脱敏白皮书》，https：//max. book118. com/html/2017/0913/133799873. shtm.

② 织梦财经：《什么是区块链技术》，http：//www. zhimeng. com. cn/question/2455. html.

块链中的加密机制逐渐趋于弱化，节点的安全弱点开始显现。举一个具体的例子，假如某个节点掌握了整个区域超过50%的算力，那么这个节点很可能遭到大量的猛烈攻击，而区块链系统在应用过程中，多个节点并不能实现完全匿名，对于一些用户的隐私很难形成有效保护（李彬等，2021）。其次是资源成本，区块链技术采用分布式记账，这对于底层数据的存储规范有着一定的要求，也需要更加庞大的存储容量要求。最后是变现成本，区块链技术的研究大多停留在理论层面，跟很多实际场景的结合过于理想化，加上区块链的"去中心化"特征与传统的中心化管理存在难以调和的冲突，因此想要将区块链技术真正落实到数据资源流通的各场景中还有一定距离。

区块链技术的发展以比特币创始为起点，到如今已进入全面应用的时代。[①] 区块链的应用从去中心化应用（Decentralized Application），发展到去中心化自治组织（Decentralized Autonomous Organization），进入去中心化自治社会（Decentralized Autonomous Society）阶段。从政府治理的角度，区块链技术在未来可以用于构建智能政务服务体系，将每一条数据信息进行汇总和存储，使社会资源得到透明式收集和集中累计，为社会智能高效发展注入强大力量。从社会发展角度，各个组织正在积极推进去中心化自治，如下文案例中提及的船舶数据共享平台。

> **【案例：全球首个基于区块链的船舶数据**
> **共享平台 CSBC 1.0】**
>
> 　船舶及海工行业因为产业链覆盖广、协同流程多、生命周期长，更迫切需要健康有效的数据共享生态，以拓展行业市场、

---

① 腾讯新闻：《区块链发展史》，https://new.qq.com/omn/20210728/20210728A08K4700.html.

提高管理效能。2020 年 8 月 7 日，由中国船级社举办的"基于区块链的船舶数据共享平台 CSBC 1.0"大型发布会顺利举行。该共享平台由中国船级社牵头，联合船东、船厂等船舶产业的上下游机构共同构建。共享平台建立了自定义的数据模型，完善了数据链全周期存证，并提供可信数据共享等核心功能，可面向平台节点机构提供数据交换共享服务。

该平台利用工业互联网标识技术和区块链技术有效地实现数据资源共享，数据所有者可提前设置数据的访问权限及受访资格，以此向不同权限用户显示规定权限的内容。该技术不仅简化了数据共享的流程，也降低了数据共享的成本。数据所有者只需将原始数据交予该共享平台进行自动分级分类、权限认证，这样就解决了数据共享过程中的成本和权限控制问题。[1]

四 联邦学习技术

联邦学习，又称联邦机器学习，其本质是分布式机器学习框架。联邦学习具有一个中央服务器和多个参与训练的本地服务器。在学习过程中，中央服务器会生成通用神经网络模型，各个参与服务器下载模型并结合本地数据进行模型训练，然后将训练好的模型反馈给中央服务器，由中央服务器根据反馈结果优化通用模型。由此反复几轮，直到这个神经网络模型达到某一标准后停止。这样，各方的数据既没有对外流通，又能够结合外部数据完善自身需求的模型。

联邦学习解决了单个组织在不直接获取其他企业或部门数据的前提下，利用外部数据完善自身模型的问题。机构内部部门间的数据不对称、企业间的数据交换受监管和规范制约以及政府出于用户

---

[1] 中国船级社，https：//www. ccs. org. cn/ccswz/articleDetail？ id = 202109140957 008676.

隐私保护限制企业数据流通，共同导致了单个数据资源所有者难以利用其掌握的少量数据解决问题。而联邦学习的产生，使多个机构在底层数据加密或混淆的情况下，能以参数交换的方式建立一个虚拟的共有模型。数据资源所有者在保护用户隐私、保障数据安全和满足政府法规的前提下，进行数据资源开发并利用机器学习建模。联邦学习不会使原始数据被读取，不会使数据资源被移动，也不会泄露用户信息或影响数据规范。作为分布式的机器学习范式，联邦学习可以有效地解决数据孤岛问题，让参与方在不共享数据的基础上联合建模，能从技术上打破数据孤岛，实现 AI 协作。[①]

联邦学习具有以下四点优势：第一，参与学习者实现数据隔离。联邦学习所使用的数据不会泄露用户隐私信息，使用规范满足隐私保护和数据安全的需求。第二，学习流程满足监管需要。我国的《网络安全法》、欧盟的《通用数据保护条例》、美国的HIPAA 法案等都要求用户数据的收集必须公开透明，企业或机构之间在无用户授权的情况下不能交换用户数据，联邦学习可以满足诸如此类的监管要求。第三，学习过程解决数据孤岛问题。联邦学习是在保证参与各方独立性的前提下进行的信息与模型参数加密交换，其使用初衷即是打破不同主体间的数据孤岛问题。同时，参与建模的各方数据资源所有者地位对等，有助于促进公平合作。第四，分布式学习降低传输成本。联邦学习不再需要共享原始数据，避免原始数据量大、网络连接费用昂贵、传输速度缓慢、传输安全性低等问题。

当然，数据安全流通技术不止于此，更新的技术如数据沙箱、可信计算环境、多方安全计算等都是各个互联网企业重点开发的领域。感兴趣的读者可以查阅《隐私计算白皮书》等进行更深入的了解。

---

① 德勤：《联邦学习：人工智能的发展之钥，隐私难题的解决之道（上）》，https：//www2. deloitte. com/cn/zh/pages/risk/articles/ai – privacy – federated – learning. html。

第三节　数据资源流通的实践

第一节明确了数据资源流通的定义和内涵，介绍了数据资源流通的参与者、主要方式以及相关理论。考虑到数据资源流通的实践案例较多，本节主要从数据资源的价值转移分类方式角度，阐述数据资源在无偿和有偿条件下的实践情况。

一　数据资源无偿流通的实践——数据资源开放

数据资源无偿流通常表现为数据资源开放，数据资源开放的主体一般是政府、研究机构和公益组织等。当前的政务数据资源开放实践聚焦于提升开放数据资源质量，完善数据资源开放机制，保护数据隐私安全等方面。例如，美国政府的数据开放坚持民众需求为导向。2019 年 12 月，美国发布《联邦数据战略与 2020 年行动计划》（*Federal Data Strategy 2020 Action Plan*），定期评估公众对联邦数据开放的数据资源的意见，包括数据资源价值、数据准确性以及对联邦政府隐私保护能力的信心等。爱尔兰政府以数据利用和数据价值为核心，制定了《数据保护政策（2020）》（*Data Protection Policy*），提出基于两大战略的政府数据开放：一是提高开放数据质量，增加高质量政府数据的发布。二是开发数据利用方式，促进与相关行业的高质量合作，发挥数据资源的经济价值。[①]

我国从中央到地方推行政务数据资源开放，目前已取得初步成就。截至 2020 年 10 月，我国共有 38 个地方出台了与数据资源开放共享密切相关的法律法规。此外，我国大力搭建数据资源共享平台，有效数据集增长较 2019 年同期提高近 40%，我国还构建了包括社保就业、经贸工商、财税金融、教育、科技、环境等数十个方

[①] 《政务数据共享开放安全研究报告》，https://www.sohu.com/a/444754548_653604.

面的数据资源库。2012—2020 年的数据开放实践证明，我国政务数据资源开放成就显著，数字政府治理效能得到持续提升。自 2012 年全国建立第一个地方政府数据开放平台以来，到 2020 年年底我国已累计建成 142 家地方政府数据开放平台，共有 66% 的省级行政区（不含香港、澳门、台湾）、73% 的副省级和 35% 的地级行政区完成了线上数据开放平台的搭建与使用。据统计，全国各地方政府开放有效数据集总量从 2017 年的 8398 个，到 2020 年的 98558 个，增长超 10 倍。① 各地积极搭建数字政府平台，坚持以需求为导向，广泛征求社会和企业的意见，逐渐完善数据开放目录清单。② 我国地方政府增设的数据开放平台数量快速增长，地方政府数据资源开放的整体情况日益完善，这也与我国数据资源开放相关的法律法规与政策标准从无到有、逐渐形成有密切的关系。表 4 - 3 梳理了部分我国数据资源共享相关的重要文件。

表 4 - 3　　　　　　　　我国数据资源共享相关文件

发布部门	发布时间	文件名称	重要信息
国务院	2015 年 8 月	《国务院关于印发促进大数据发展行动纲要的通知》国发〔2015〕50 号	政府数据、公共数据资源
国务院	2016 年 9 月	《国务院关于印发政务信息资源共享管理暂行办法的通知》（国发〔2016〕51 号）	政务信息资源共享
工业和信息化部	2016 年 12 月	《〈大数据产业发展规划（2016—2020 年）〉的通知》（工信部规〔2016〕412 号）	公共数据资源、政府数据
中共中央办公厅、国务院办公厅	2017 年 3 月	《关于推进公共信息资源开放的若干意见》	推动开放公共信息资源

① 《中国地方政府数据开放报告 2020 年下半年》，https：//mp. weixin. qq. com/s/lH - 3pezHgLJhHRMZMTPsBw。

② 《中国地方政府数据开放报告 2020 年下半年》，https：//mp. weixin. qq. com/s/lH - 3pezHgLJhHRMZMTPsBw.

续表

发布部门	发布时间	文件名称	重要信息
国家发展改革委中央网信办	2019 年 10 月	《〈国家数字经济创新发展试验区实施方案〉的通知》（发改高技〔2019〕1616 号）	推动政务数据与公共数据的开放共享
第十三届全国人民代表大会常务委员会第二十九次会议	2021 年 6 月	《中华人民共和国数据安全法》	强调数据安全保护义务和政务数据安全与开放

资料来源：笔者根据公开信息整理。

二 数据资源有偿流通的实践——数据资源共享

数据资源共享包含两个方面：一是政务数据资源的共享；二是社会数据资源的共享。政务数据资源共享既包括涉密数据资源的内部共享，也包括非涉密的政企数据共享。在涉密数据资源内部共享方面，截至 2020 年年底，国务院初步向各级政府部门开放 40 个垂直系统数据，打通了数据查询和互认的障碍。同时，我国建成全国一体化数据共享交换、全国一体化政务服务、全国信用信息共享等多个平台，建立多个基础数据库，联通 46 个部门和 31 个省（市、区），累计汇总各类信息超过 600 亿条，基本覆盖所有信息类别和信息网络。其中，国家人口基础库累计为 36 个部委 228 个业务系统提供接口服务 16.08 亿次。① 在政企合作数据资源共享方面，以广东省为例，广东省政府联合数十家科技公司，共同搭建了广东省网络安全应急响应平台，监测广东省境内网络安全事件。该应急响应平台的运营模式为政府授权数据资源使用，企业提供技术支撑和应急响应，达到政务数据资源的安全共享的目的。

社会数据资源共享在我国还处于发展起步阶段，目前在行业内初步形成共享模式，已经建立社会数据资源紧急共享平台。当前参

① 《数字中国发展报告（2020）》，http://www.gov.cn/xinwen/2021-07/03/content_5622668.htm.

与数据资源共享的主要行业包括金融、车联网、物联网、医疗等，其他行业也在探索合法合规的有效共享模式。以医疗行业为例，截至 2020 年 12 月，我国已建立东部、西北、中部、北部等多个国家健康医疗大数据中心，努力探索医疗数据资源的安全共享，积极将医疗数据资源投入新药研发、疾病研究中。[①] 新冠肺炎疫情期间，工业和信息化部组织建设了国家重点医疗物资保障调度平台，并搭建了电信大数据分析平台，通过实时收集、定点监控重点医疗物资企业相关资源数据，提升应急资源供应效率。手机内置定位系统辅助平台统计人员流动信息、追溯确诊患者行程等。[②] 国内外进行数据资源共享的相关研究的起步时间接近，目前均处于探索更加高效调动社会资源共享的阶段，下文案例中梳理了一些国家数据资源流通的发展情况。

【扩展阅读：国外数据资源流通情况】

发达国家的信息化程度更高，对于数据资源的利用更早，数据资源开放的制度相对更加完善。美国自 1993 年提出"电子政务"概念，沿着"信息高速公路"发展，在数字政府建设领域处于国际领先地位。克林顿、小布什、奥巴马、特朗普政府一脉相承，颁布《信息自由法》《开放政府数据法》等诸多法令，以完善数据资源流通渠道，加速数字政府建设。

日本政府同样重视数据资源共享。2012 年，日本发布《开放政府数据战略》，将数字政府建设归入国家战略层面。在 2017 年，日本颁布了《开放数据基本准则》，为数据资源的审

---

① 澎湃新闻，https：//baijiahao. baidu. com/s? id = 1702696010439012241&wfr = spider&for = pc.

② 中国信通院：《新冠肺炎疫情下，重新思考数据共享》，https：//mp. weixin. qq. com/s/JtpouLHlHKD9crob8faHpw.

查、治理、安全流通做出规范化要求，促进数据资源流通标准化。

　　欧盟对于数据资源流通是相对最保守且严格的。欧盟在向大众提供开放数据资源的同时，也保留政府对于数据资源的私有权利。欧盟各成员国之间的数据流通就是更接近于交易，政府部门可以通过授权、付费下载、付费查询等付费数据服务获得利润，以此为政府创收，有的国家甚至为此专门制定各部门的"营业"比例。政商也因此密切合作，开发出多种数据资源有偿流通的方式。

三　数据资源有偿流通的实践——数据资源交易

　　数据资源有偿流通的典型方式是数据资源的交易。完善数据资源交易机制，是我国加速培育数据要素市场、完善要素市场化配置体制机制的重要内容。在大数据产业中，数据资源交易处于产业下游[①]，但其市场规模和发展势头呈现日趋繁荣的趋势。

　　我国的数据交易市场起步于2010年，与国际数据交易市场的兴起几乎同步。如图4-2所示，2014年，我国建立了第一个大数据交易机构：贵阳大数据交易所，至2020年，我国已累计搭建了数十个大数据交易所，探索数据资源交易的合规途径。同时，我国市场中还发展出数据堂、中关村数海、京东万象、浪潮卓数、聚合数据等一批数据交易平台。

　　我国当前的数据交易平台主要运营模式分为三类[②]：一是以数据堂等数据商城为代表的交易原始数据的模式。这种交易模式合乎

---

　　① 《大数据白皮书（2020）》，http：//www.ideadata.com.cn/temp/article/file/20210115/1610676847871064775.pdf.

　　② 中国大数据产业观察，http：//www.cbdio.com/BigData/2017-06/21/content_5542811.htm.

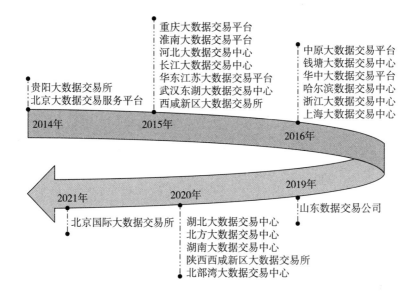

图 4 - 2　国内大数据交易市场建设历程

资料来源：中国信通院：《大数据白皮书（2020）》，http：//www.ideadata.com.cn/temp/article/file/20210115/1610676847871064775.pdf.

市场化运营的要求①，提高了数据资源的价值利用率。大部分购买者都通过集中购买或者定制化购买的方式从提供者处获取数据资源。二是以贵阳大数据交易所为代表的撮合数据资源供需双方进行交易的模式，也称为大数据中介交易模式。此时交易所充当中间方，负责联系数据资源的供给方和需求方并完成配对，从中收取服务费作为盈利。这类模式下的交易产品具有较高的威信与公信力，并且所交易的数据获得较好的隐私保护。三是以麦肯锡公司等为代表的基于大数据的决策方案交易模式，它包含的领域非常广泛，涉及电子、交通、航天、国防、生化等各个领域。此时数据资源提供方是具有技术优势的科技公司或平台，他们利用相关技术为需求方提供技术支持和决策分析，具有最高市场效率，可以使数据资源得

---

　① 关于原始数据交易模式下的具体交易内容可参考数据堂，https：//www.datatang.com.

到最大限度开发。案例中的北京国际大数据交易所虽然与贵阳大数据交易所名字相似，但业务范围更广，类似于第二类和第三类的结合，既起到撮合交易的平台作用，又根据自身的技术优势提供数据产品服务。①

【案例：北京国际大数据交易所】

2021年3月31日，北京国际大数据交易所（以下简称交易所）正式成立，上线了北京数据交易系统。与交易所同时成立的还有北京国际数据交易联盟。作为交易所的重要组成部分，交易联盟将辅助交易所构筑完善的交易生态。交易所将以最新信息技术为支持，以"一新三特色"为亮点，以数据为基本交易对象，探索数据交易方式，破解数据交易发展的困境。

交易所的"一新三特色"即以创新技术为支撑，以特色模式、特色规则、特色生态为架构，进行数据交易模式的探索。在技术层面，交易所将引入隐私计算、区块链技术，重新构建数据资源中蕴含的"计算价值"，完成数据资源的确权，实现数据资源流通的"可用不可见、可控可计量"。在架构层面，交易所实施了实名注册的会员制，审核数据来源、管理交易行为，做到数据分类管理，覆盖数据流转体系。并且，交易所还发布了《背景数据交易所服务指南》，尝试构建大数据资产评估、交易规则、标准合约等政策体系，促使产业链的规范发展。此外，交易所还积极吸纳大型商业银行、电信运营商、头部互联网企业和数据中介服务商，努力打造完善交易生态圈。

北京国际大数据交易所是我国在数据交易领域的又一次积极尝试。交易所不仅对数据交易规则进行探索，还将积极尝试

---

① 数据资源交易的具体内容将在后续章节中详细讨论，本节仅做简要介绍。

跨境数据安全流通的路径，建立立足中国、面向世界的国家级
数据资源流通生态示范型交易所。北京国际数据交易联盟理事
长朱民也指出，成立数据交易平台和数据联盟的最重要的意义，
就是能将海量的国内数据转化为可以开发利用的资源，形成价
值创造的巨大源泉。[①]

数据资源流通作为生产环节中的重要一环，其影响力在经济发
展中占据越发重要的地位。由于我国甚至世界各国对于数据流通法
规的探索还处于发展阶段，数据确权问题、安全隐私问题、价值索
取问题等都是需要解决的。当前国际已处于数据流通政策制定的关
键阶段，率先破除数据价值释放桎梏的国家能抢先占据话语权，掌
握数据资源流通规则的制定权，从而获得更多数据资源的价值。

第四节　数据资源流通的主要难点与风险

数据资源流通难以推行的原因是数据资源在流通过程中存在诸
多技术、意愿以及制度等方面的难点，而且面临传播风险、合规风
险和价值不确定等风险。本节从不同的数据流通方式出发，对数据
资源流通过程中存在的难点进行分析，并分析数据资源流通的三种
主要风险。

一　数据资源流通的主要难点

在数据资源流通过程中，无论是数据资源开放模式、共享模式
还是交易模式，都存在诸多难点和障碍。在此，本节结合目前常见
的流通问题来分析数据资源流通中的难点，并在不同问题中阐述具

---

① 中国新闻网，https://baijiahao.baidu.com/s? id = 1695742517675441167&wfr =
spider&for = pc.

体难点。

（一）数据资源跨境流通问题

数据资源跨境流通对于提高经济增长效率至关重要，因此数据资源跨境流通的研究和限制越发受到重视。据麦肯锡研究显示，自2008 年以来，数据流通对全球经济增长的贡献已经超过传统的跨国贸易和投资，成为推动全球经济发展的重要力量①。各国基于对国家安全、经济增长等多方面考量，对数据跨境流通的限制日益增强。以美国为首的西方国家采取包括限制关键技术数据出口、对涉及数据交易开展国家安全审查、禁止敏感数据向竞争对手流入等措施，加快对中国等战略竞争对手的数据封锁。

数据资源跨境流通问题主要反映出管控难点，体现在识别难度加剧、攻击数量加剧和违规活动频繁②三个方面。识别难度加剧是指数字技术的普及使识别网络数据出境变得困难。数字技术的普遍应用使大量隐私数据被过度采集，多主体之间的数据交互使数据来源模糊化，交互者能够将这些数据更隐蔽地转移至境外，加大了数据跨境监管的难度。攻击数量加剧是指以窃取我国敏感数据为目的的境外攻击增多，当前境外机构对我国敏感数据的黑客攻击频率上升，其中个人敏感数据和重要数据等高价值数据更是一直以来网络攻击的重要目标③。据《2020 年中国互联网网络安全报告》统计④，单是 2020 年 2 月，境外"毒云藤"组织利用伪造的文件共享页面实施攻击，获取了我国百余家单位的数百个邮箱账户权限。违规活动是指企业违规向境外提供涉密数据，带来国家安全隐患。违规活

---

① 麦肯锡全球研究院（MGI）：《数据全球化：新时代的全球性流动》，https：//www. mckinsey. com.

② 赛迪白皮书：《全球及中国跨境数据流动规则和制度建设白皮书》，https：//mp. weixin. qq. com/s/Y － 9dePLsGV2 － 5aoE5r4uKQ.

③ 国家互联网应急中心（CNCERT）：《2020 年中国互联网网络安全报告》，http：//www. cac. gov. cn/2021 － 07/21/c_ 1628454189500041. htm.

④ 国家互联网应急中心（CNCERT），http：//www. cac. gov. cn/2021 － 07/21/c_ 1628454189500041. htm.

动的手段包括外资企业直接将我国数据不经审核传回境外总部；国内企业通过海外并购等向国外机构披露我国重要数据；境内境外机构合作，国内机构违规传输敏感数据至境外。例如，2018 年科技部对深圳华大基因科技服务有限公司实施行政处罚。[①] 该公司未经许可与英国牛津大学开展遗传信息研究，将部分人类遗传资源信息从网上传递出境，违反了《人类遗传资源管理暂行办法》。另据《2020 年中国互联网网络安全报告》显示，2020 年我国境内公法线基因数据网络出境 717 万余次，流向以美国为首的境外 170 个国家和地区。

（二）数据要素市场化建设问题

2020 年 4 月，《中共中央　国务院关于构建更加完善的要素市场化配置体制机制的意见》将数据要素市场作为和土地要素市场、技术要素市场、劳动力要素市场和资本市场具有同等重要性的国家级要素市场，对推动大数据产业发展，释放数据红利、助力数字经济高质量增长具有十分重要的战略意义。数据要素市场化建设的问题主要体现为制度难点。

制度难点体现在数据资源流通的共享和交易两种模式中。在数据资源共享中的制度难点，微观上表现在公共部门内部流通制度落后于数据资源需求，使具有数据优势的部门不愿意建立部门间数据的互联互通。内驱动力不足是制度难点的另一表现形式（马颜昕等，2021）。当前的政务数据资源开放主要依靠自上而下的政策推动，由国家和省级政府共同推进，具体的部门负责实施和落实数据资源开放任务。对于政府来说，有效的治理涉及很多方面的改革创新，其中跨部门数据资源内部共享是政府建设的重要一环。[②] 被动接受思想加大了组织部门间数据资源开放的推行成本，造成目前我国政务数据资源开放难以形成全面、积极的局面。宏观上表现在共

---

① 中华人民共和国科学技术部，http：//www. most. gov. cn/index. html.

② 澎湃新闻，https：//www. thepaper. cn/newsDetail_ forward_ 8018358.

享制度不完善，共享法规片面严苛，共享流程存疑。许多企业经营时不会制定企业内部统一的数据资源标准，或完善数据登记、数据申请、数据审批、数据传输、数据使用等数据共享相关流程规范。行业公约和企业间规范不足，导致企业间的信任度低、数据资源共享的意愿低、跨企业和组织的数据资源共享困难。此外，数据隐私安全和数据共享的对立关系使近年来全球各区域的监管部门加强措施，对企业提出了更为严格的法规条例，直接增加了数据资源共享的费用成本、时间成本和复杂程度，导致了各方不愿意付出更多的代价去开展数据资源的共享。

在数据资源交易中的制度难点体现在数据要素市场制度方面，数据要素市场交易制度不完善，交易标准混乱。近年来，我国优化数据要素市场化配置，培育数据要素市场，已经初步形成隐私数据和涉密数据的有偿使用环境。但正如第二章谈到的，目前数据要素市场产权制度、定价制度、竞争制度、交易制度不完善，导致市场交易的短期性、市场垄断现象和信任危机现象严重，使数据资源价值挖掘受限，数据资源交易受阻。数据资源交易的合法性不明，交易主体的权利难定。2017 年《网络安全法》正式出台，其中第 42 条规定："网络运营者不得泄露、篡改、毁损其收集的个人信息；未经被收集者同意，不得向他人提供个人信息。但是，经过处理无法识别特定个人且不能复原的除外。"这直接导致 2017—2019 年，各地几乎没有再新增一家数据交易平台，各地数据交易活跃程度也近乎降至冰点，数据交易市场几乎难以为继。没有准确的法律法规来规定数据的所有权、使用权的划分，数据交易的合法性不明确，没有数据交易中心愿意尝试拓展数据交易业务。直到 2020 年 4 月，《中共中央、国务院关于构建更加完善的要素市场化配置体制机制的意见》正式发布，大数据交易市场才开始恢复活力。

（三）数据隐私与数据安全问题

数据已经成为与劳动、资本、土地和技术并列的重要生产要素，数据资源一方面能通过平台集聚形成很强的正外部性，提升经济效率，但另一方面也可能带来诸如信息拥堵、隐私泄露等负外部性，因此需要在数据资源充分使用和数据资源安全保护之间进行权衡①。我国出台《数据安全法》等法律法规，加快推动各个领域数据资源安全管理工作制度化、规范化，提升工业、电信行业数据安全保护能力，防范数据资源安全风险，当前的数据隐私与数据安全问题主要体现在技术难点和人才难点上。

技术难点主要体现在数据资源收集、交易、共享等技术上面临困境。数据资源流通当前的安全技术依旧面临落地难、实施难的问题，这给不同形式的数据资源流通都造成困难。在数据收集方面，数据收集主体面临基础数据量巨大、视频传输所需带宽过大、不同行业协议不标准等问题②。以工业数据为例，互联网数据采集一般都是我们常见的 HTTP 等协议，但在工业领域，会出现 ModBus、OPC、CAN、ControlNet、DeviceNet、Profibus、Zigbee 等各类型的工业协议，而且各个自动化设备生产及集成商还会自己开发各种私有的工业协议，导致在工业协议的互联互通上，出现了较大难度。在数据交易方面，传统数据流通方式面临瓶颈，无法在安全性和即时性上满足当前数据交易需求。传统以数据包、明文数据 API 接口的数据交易具有服务量巨大的优点，但无法与隐私计算这类新兴技术有效融合。具体而言，多方安全计算技术需要同时满足高吞吐和低延迟的性能要求，这意味着在保障数据安全的同时，还要对计算、传输、序列化等做很多的优化。当前一部分厂商在数据交易时选择的技术道路是一种点对点计算的两方计算的架构，扩展性差，给数据交易技术升级造成困难③。在数据资源共享方面，各个组织和企业所用技术不同，其数据资源保护的性能具有明显差异，导致主体

---

① 腾讯金融研究院：《寻找最优数字规则框架》，https：//mp. weixin. qq. com/s/2WWxrfFWdiaHCRDlHRNjjA.

② 南京南数数据运筹科学研究院：《数据采集－制造企业面临的一道难题》，https：//mp. weixin. qq. com/s/K1JXAxQ2UFghq45Hj66dCQ.

③ InfoQ：《破解数据流通不畅问题，多方安全计算技术到底行不行？》，https：//mp. weixin. qq. com/s/Zh2_ Aae7vG24HYk8Nm36Jw.

间数据资源流通意愿低和成本高。2021 年上半年，中国信通院云计算与大数据研究所开展了第一批隐私技术产品的性能专项测评，其测试结果显示，各家产品的实现方案多样化，不同方案的计算性能差异显著。[①] 在这样的环境下，开展安全数据资源共享需要购买效能更好地共享平台服务，提升了共享主体间的共享成本。此外，许多组织存在数据标准混乱、数据质量层次不等问题，这阻碍了数据资源的共享应用。数据质量专家 Larry English 统计，不规范、低质量的数据会使企业额外花费 15% 到 25% 的成本。[②]

人才难点主要体现在数据要素市场人才方面，数据要素市场缺乏专业人才，复合背景数据交易人才缺位。随着数据资源重要性的增加，能够深刻理解数字化转型、网络化重构和智能化提升的高学历复合背景数据人才需求也随之增加。[③] 根据《中国数字化人才现状与展望（2020）》统计，2020 年第二季度，市场对于数字化人才需求相比去年增长了 91%，加之数据相关行业算法模型、工具、技术等迭代速度快，具有跨领域背景的数据交易专业人才缺乏问题更为凸显。据《2021 年数字化时代人才转型趋势白皮书》研究显示，目前市场上数字人才稀缺，65% 的人力资源表示上调工资也无法在公开市场上找到未来所需人才。这代表着在数字化时代，数字化人才存量少。而数据要素市场人才及其技能决定了数据资源在流通过程中能否被挖掘出衍生价值，也决定了市场的安全性。

二 数据资源流通的主要风险

数据资源在流通过程中存在的风险降低了数据资源所有者参与数据资源流通的意愿。数据资源流通的风险根源在于数据资源蕴含

---

① 新浪财经：《传统数据流通方式面临瓶颈》，https：//baijiahao. baidu. com/s? id =1702709758972217249&wfr = spider&for = pc.

② 搜狐网，https：//m. sohu. com/a/321314731_ 506171.

③ 梅宏：《培育数据要素市场加快推进数字化转型》，https：//mp. weixin. qq. com/s/jbQDlNVEMx_ P8M2Q0Mbf2Q.

着隐私信息,因此规避流通风险既是对个人权益的保护,也是对个人安全的保护。从财产和安全的角度,本小节将其归纳为三大主要风险,分别为传播风险、合规风险和价值风险。

(一)传播风险

传播风险是指数据资源在流通过程中,特别是对外流通过程中,因为技术、硬件等问题,被人为或无意地向数据供给方、数据需求方之外的第三方获取的风险。传播风险来源之一是数据资源的易复制性。易复制性是指以比特形式存在的数据资源只需要耗费少量存储介质与电量就可以通过备份等方式无限次传递,这使数据被再次传播的成本低。例如,工业数据时常需要在不同行业、不同地区的企业之间流通,企业信息化系统、通信协议的不一致容易导致隐私数据被违规复制。金融行业数据涉及大量客户资产信息,极容易引起不法分子的违法拷贝与出售。2020 年上半年,我国多家金融机构被曝出数据丑闻,包括北京银行、兴业银行等。在该起案件中,累计超过 850 万条个人征信信息被非法拷贝、非法传播,涉案人员下至临时工、上至银行行长。[①] 在组织内部共享过程中,组织也可能由于技术风险而造成数据非法传播。在组织对外共享和开放过程中,进行数据共享的组织因为无法全程监控并管辖第三方使用数据情况,可能面临数据资源被二次传播的风险。

另一类传播风险是企业使用更加先进的技术所导致的用户数据资源的被动传播风险。人工智能技术是信息技术公司经常使用的计算机技术之一,也是目前最先进的科技之一。信息技术公司往往会采集用户信息、用户行为等敏感数据,使用人工智能技术进行分析,便于精准开展相关业务。以电商平台淘宝为例,淘宝不仅会查看独立 IP 地址的浏览量、页面被查看的次数等基础信息,还会统计用户鼠标在特定商品上的停留时间等扩展信息。[②] 电商平台可能基

---

① 360 个人图书馆,http://www.360doc.com/content/20/0708/14/70777834_922975846.shtml.

② 腾讯云,https://cloud.tencent.com/developer/article/1512562.

于这些数据对用户进行精准用户刻画，并对其进行差异化定价，使用户利益受损。

（二）合规风险

合规风险是指数据资源在不同流通模式下，是否符合数据的安全流通标准和隐私保护标准的风险。合规风险是当前法律条例不完善下的主要规范性风险。由于数据资产界定未清，数据确权、数据交易与共享仍未形成符合各方共识的有关机制，数据资源流通的规则随时可能变更，为企业和组织带来法律风险。此外，随着国家越来越重视个人隐私的保护，不少企业因为违规收集用户数据面临法律或行政处罚，使用违规手段形成的数据资源也将面临合规风险。

国家对于数据资源流通的监管必然朝着更严格的方向发展，这也意味着许多之前合法性模糊的流通手段可能被归类于不合规手段，从而对使用者带来利益损失的风险。截至 2021 年 10 月，全国已有 11 个省份出台了数据相关条例（包括大数据条例、数据条例、数字经济条例等），大多都在明确公共与非公共数据范围、确立各个主体数据权益保护机制。这既为普通群众提供了法律层面的安全保障，也明确了数据资源流通的"禁区"。2021 年前后是各项法规逐步确立的时间，也是合规风险最高的一段时间。2021 年 10 月 20日，湖州中院对全国首例非法获取地理信息数据的刑事案件做出终审裁判，维持了被告人一年至三年不等有期徒刑与罚金的判决结果。① 众多新型合规案件也反映了我国立法正在逐步完善与规范过程中。

（三）价值风险

价值风险是指数据资源在流通过程中，数据匹配性和效用性等方面带来的价值不确定的风险。数据平台是组织从获取数据资源的

---

① 鲸云维度：《数据合规资讯》，https：//mp. weixin. qq. com/s/7Zh1UCM95BRdK LrTjmg2Kg.

重要来源，但从平台获取的数据资源价值是不可直接预估的，这可能造成价值不匹配现象。一方面，价值风险来自信息不对称。一些组织数据资源丰富繁多，但一些组织数据资源匮乏且单一，此时双方流通可能出现价值不对等，组织通过流通得到的可能是大量无效数据，这就可能造成组织的价值损失。另一方面，价值风险来源于自身的需求、情景和技术。不同主体的数据需求不同，相同的数据资源在不同主体手中可以发挥的价值也不同，甚至可能因为数据格式的不同造成数据资源在同行业间都无法有效流通。[①] 事实上，大部分数据资源流通，特别是外部流通，即使在最佳情况下也无法实现流通数据资源的全利用。因而，组织将会为数据资源流通承担价值不确定的风险。

数据资源流通中的价值风险，也指企业的数据壁垒可能在数据资源流通过程中遭到破坏，从而降低数据资源的效用和公司整体价值。组织能在运作中收集排他性数据资源，这些数据资源构建组织竞争基础。荆文君（2021）指出，在差异化竞争环境下，具有数据优势的公司可以更充分地识别自身，以最适当的方式实现自身公司的利润最大化。所以，一旦这些数据资源在流通的过程中被私密复制和二次传播，将会对数据资源的所有者造成打击，首先使其数据资源的价值降低，其次使公司的整体竞争力受到影响。

2020 年是数据要素市场的元年，也是数据资源流通标志性的一年，数据资源流通是数据资源发挥价值的重要基石。数据资源潜能释放需以安全合法为前提，数据治理能力是数据要素市场发展的保障。数据资源流通参与者应该明确数据资源共享过程中存在的风险，并且采取手段措施来防范风险。这能从根本上保障数据资源的安全性与价值性，从而从本质上改善数据资源所有者共享意愿。

---

① 南京南数数据运筹科学研究院：《数据采集–制造企业面临的一道难题》，https：//mp.weixin.qq.com/s/K1JXAxQ2UFghq45Hj66dCQ.

本章阅读导图

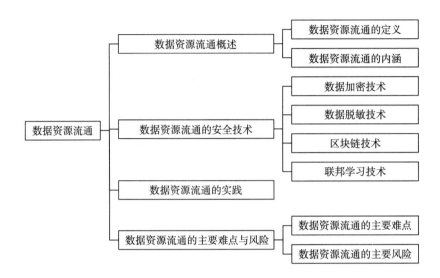

第五章　数据资产概述

随着数据资源在生产过程中的地位越来越重要，人们开始思考：当数据资源被某类主体拥有或控制，并预计为该主体带来经济利益时，能否成为数字经济时代下的一种资产？当下数据交易所逐步建立，大数据战略逐渐被更多企业视为发展战略之一，数据资源成为资产是大势所趋。因此，本章将介绍数据资产这一概念的相关内容，旨在让读者对数据资产有初步认识。第一节将给出数据资产的定义，即"由明确的经济主体拥有和控制的、预期可以为经济主体带来经济利益的数据资源"，并介绍数据资产的三类特性：外部性、利益性和价值波动性。第二节将讨论数据资产的确认步骤，并分析数据资产与其他常见资产的异同点，以此观察如何将数据资产计入会计报表中。第三节将介绍数据资产应用前经济主体需要做的准备，包括数据资产的获取、存储，以及数据资产的风险管理，为后续章节对数据资产应用的介绍做铺垫。

【导读案例：微软收购 LinkedIn】

2016 年，微软宣布以 262 亿美元收购 LinkedIn。在当时，微软是全球著名的软件服务商，而 LinkedIn 则是全球最大的职业社交网站，两者强强联合一时引起热议。

LinkedIn 拥有庞大的用户规模，这些用户上传的职场数据以及形成的社交网络能帮助微软开发更优质的社交产品。在此之前，LinkedIn 的战略部署中也处处体现了数据的经济价

值。用户在 LinkedIn 上每停留一小时，LinkedIn 就能获得 1.3
美元收入。无论是收购还是日常经营，LinkedIn 的例子都体现
了数据资源的经济属性，人们开始注意到数据不仅仅是一种可
使用的资源，也是可以变现的潜在资产。这就是本章所要讨论
的"数据资产"。①

【案例探讨】

LinkedIn 的数据为什么可看作是一种资产？它为 LinkedIn 带来
了什么？

第一节　数据资源成为资产

正如前面章节所说，数据资源具有弱排他性，类似于公共资源，
当数据资源被企业或政府等主体拥有和控制时，是否可以作为一种
资产？这需要我们对数据资产的定义与特性进行分析。

一　数据资产的定义

在学习数据资产前，读者需了解资产的定义。资产是一个经济
学概念，资产不同于要素，要素主要描述整个经济体的运行规律，
而资产着眼于更微观的层面，与特定个人或集体的经济利益息息相
关。资产的定义多来自会计学。根据我国《企业会计准则——基本
准则》（以下简称会计准则）第 20 条规定：资产是指由过去的交易
或者事项形成的、由企业拥有或者控制的、预期会给企业带来经济

---

① 腾讯科技，https://tech.qq.com/a/20160613/057470.htm.

利益的资源。① 资产的定义涵盖了三个内容：资产的产生与来源、资产由特定主体拥有或控制、资产的利益性。国民账户体系（2008）（以下简称"SNA2008"）则将资产定义为一种价值储备，资产代表经济所有者在一定时期内通过持有或使用某实体所产生的一次性或连续性经济利益，是价值从一个核算期向另一个核算期结转的载体。② 这个定义同样强调了资产的利益性，即数据资产能为经济主体带来经济利益的性质。

　　在资产定义的基础上，不少研究给出了数据资产的定义，如表5-1所示。这些定义多是将资产定义与数据资源的定义结合，而本书将延续这一定义的思路，结合多方阐述给出本书的数据资产定义。

表5-1　　　　　　　　　　　　　数据资产定义相关研究

相关文献	定义
中国信通院《数据资产管理实践白皮书（4.0版）》（2019）	企业过去的交易或事项形成的，由企业拥有或者控制的、能够为企业带来未来经济利益的、以物理或电子的方式记录的数据资源
朱扬勇和叶雅珍（2018）	带有权属性质（勘探权、使用权、所有权）的、有价值的、可计量的、可读取的网络空间中的数据集
中国资产评估协会《资产评估专家指引第9号——数据资产评估》（2020）	由特定主体合法拥有或者控制，能持续发挥作用并且能带来直接或者间接经济利益的数据资源
高伟（2016）	企业及组织拥有或控制，能给企业及组织带来未来经济利益的数据资源

　　资料来源：笔者根据公开信息和已有文献整理。

---

　　① 中国会计网，http：//www.canet.com.cn/fagui/633163.html，下文中有关会计准则的原文均出自此网站。
　　② 中国国民经济核算研究会，http：//www.stats.gov.cn/ztjc/tjzdgg/hsyjh1/hszs2020/202011/t20201110_1800235.html.

在主体上，本书认为数据资产的主体不应局限于企业。政府等公共部门也会在工作过程中产生或收集一些数据，并通过开放、共享或交易等形式给企业和其他公共部门使用。政务数据无论是数据数量还是质量均高于其他行业的数据，因此政务数据资产化具有重要地位（任泳然，2020）。此外，个人也可以自主产生与收集数据，并且利用数据及其背后的信息为自己谋取经济利益。这些数据同样具有数据资产的属性。因此，本书在定义数据资产时，将资产对应的企业扩展为经济主体，后者指能参与经济活动并因此获得利益的能动的主体，包括国家、企业、政府、个人以及一些非营利性机构和组织等。在价值的类别上，本书认为不仅应强调数据资产的价值性，还是进一步突出其"经济价值"。数据资产的经济价值是其价值性的一种体现，这说明数据成为资产的前提是该数据经过人为挖掘后已经成为有价值的资源。数据资源成为资产，是从具有应用价值到具有"应用＋经济"双重价值的过程（吴超，2018）。而除了应用价值和经济价值外，本书认为数据资产对经济主体还有其他价值，例如对过去经济事项的记录价值等。本书还认为数据资产的定义中应当加上对资产状态的描述，即"过去的交易或事项形成"，而不是未来的交易或事项。

本书基于上述对比，将数据资产定义为：经济主体过去的交易或事项形成的，由明确经济主体拥有或控制的、预期能给经济主体带来直接或间接经济利益的数据资源。

本书中从数据延伸出来的概念有大数据、数据资源、数据资产和数据要素，这些概念是层层递进的关系。图5－1总结了数据及其延伸概念之间的联系。数据资源、数据资产和数据要素都是具有价值的数据，而大数据通常比普通数据拥有更大的、更深层的价值，因此数据资源、数据资产和数据要素的概念范围与大数据概念有较多重叠。此外，数据资源的价值范围更广，如第二章所言，包括内在价值、表征价值和应用价值，而数据资产和数据要素的价值则特指数据应用价值中的经济价值，因此数据资源概念涵盖了数据资产和数据要素。数据资产的经济价值体现在微观主体上，而数据要素的经济价值体现在更宏观的生产上，两者既有联系又有区别。

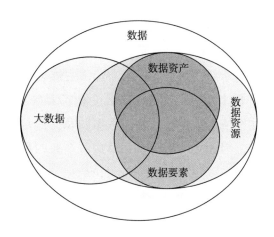

图 5 - 1 数据及其延伸概念

资料来源：笔者根据康旗等（2016）及本书各章节相关内容绘制。

二 数据资产的特性

数据资产兼顾数据资源的各类特点，如第一章所提到的无形性与可复制性、非竞争性与弱排他性、时效性、依附性、垄断性等特性，又因为其资产属性而拥有更特殊的性质。本小节主要介绍数据资产的三个特性：外部性、利益性和价值波动性。由于前面章节中已提及数据资源的各种特性，此处的性质更多的是从"资产"角度进行讨论，即数据资源被赋予资产属性，成为数据资产后所具有的特性。

（一）外部性

外部性是一个经济学概念，指一个经济主体做出的决策或行为会对另一个经济主体产生正向或负向的影响，但该经济主体不从中获取报酬或者不需要对此负责。数据资产具有正负外部性。

数据资产的正外部性通常体现在数据资源的协同价值中。德勤和阿里研究院在《数据资产化之路——数据资产的估值与行业实践》中提到了数据资产的正外部性。经济主体生产出的数据，不仅可以应用于自身的运营与决策，还可以共享给其他主体运用，以此产生更大的价值。例如，微信等社交软件收集到的居民信息，包括姓名、联系方式、定位、资金流向等，不仅有利于腾讯其他业务的规划和开展，还可为政府的反诈骗、反洗钱等工作提供帮助。

数据资产的负外部性则主要体现在经济主体会给数据的提供方和其他经济主体带来危害。比起个人，企业拥有的数据更多更广；比起政府，企业在使用数据时面临的数据隐私保护与数据安全等方面的限制更宽松，因此在所有经济主体中，企业的数据资产更容易产生负外部性。我们以数据泄露为例讨论数据资产的负外部性。数据泄露的原因主要有数据库故障、工作人员故意泄露和黑客攻击等。数据资产不慎泄露时，经济主体对数据提供方的负外部性体现在数据所有者的权益损失上，如个人的隐私泄露，并因此遭受骚扰甚至诈骗等（曾燕等，2020）。我们可以从管理部门、经济主体、数据提供者三方出发来降低数据泄露带来的负外部性。管理部门可以限制经济主体持有含个人敏感信息的数据，并要求经济主体在个人数据存储和使用前进行必要的匿名化处理。同时，政府可以规定经济主体承担保护个人数据的义务，对数据保护不周可能造成的个人信息泄露损失进行适当处罚，把负外部性转化成主体成本。经济主体应当树立数据保护意识，对数据资产加强管理，同时做好发生泄露时的应急预案。数据提供者在提供自身数据时要有所防备，避免将隐私数据随意授权给来源不明的第三方。下面案例将以企业为例，说明三种常见的数据资产泄露原因。

【案例：企业数据资产泄露的原因】

企业数据资产泄露的原因之一是数据库故障。由于企业技术不成熟或企业保护意识不足，企业的数据库可能会发生故障，从而危害其中数据的安全。2020 年 2 月，由于数据库漏洞，某公司发生严重的数据泄露事件，涉及员工个人数据约 1.23 亿条，泄漏的数据包括员工的用户名、未加密的密码、API 日志、API 用户名、个人身份信息等。[①]

企业数据资产泄露的原因也可能是员工故意操作。2020 年 6 月，贵州某公司的一名员工利用职务之便将客户数据售卖给中介公司，泄露的数据包括客户的姓名、电话、住址等隐私数据。中介公司共向该员工购买 3 次数据，合计 1 万多条。随后，涉案员工和中介公司均被警方逮捕。在这起案件中，买卖双方均需要承担非法贩卖公民信息的责任。[②]

企业数据资产泄露的原因还可能是黑客恶意攻击。企业防范黑客的保护措施包括反爬程序、防火墙、数据匿名等，但这些保护措施并不一定能成功阻止数据泄露事件的发生。2021 年 8 月，某科技公司遭到黑客入侵，112GB 公司数据泄露。[③] 2021 年 5 月，某地产公司被黑客窃取了超过 3TB 数据，包括公司的雇员数据、财务数据、施工计划等，严重扰乱了公司的正常运营。[④]

（二）利益性

利益性是指数据资产能为经济主体带来经济利益的特性，是数据资产的重要特性。数据资源的价值可以体现在多个方面，比如记录事实的存储价值、保留数据的安全价值、研究规律的学术价值等，而数据资产则突出经济价值。数据资产的利益性主要来源于其

---

① FreeBuf, https：//www. sohu. com/a/376736265_ 354899.

② 环津京网, https：//baijiahao. baidu. com/s？ id = 1668987027035921128&wfr = spider&for = pc.

③ cnBeta, https：//www. cnbeta. com/articles/tech/1163141. htm.

④ 信息安全调查员 008, https：//baijiahao. baidu. com/s？ id = 1701237479977519623&wfr = spider&for = pc.

使用价值和流通价值（高伟，2016）。在使用价值上，Shiller（2013）曾在研究中发现企业会使用大数据来预测个人在 Netflix 的预订情况从而进行个性化定价，且建模数据显示网络浏览行为数据带给企业的利润提升（12.2%）将大大高于统计数据①（0.8%）。而个人、政府及其他非营利性组织对数据的使用较少以盈利为目的，比如政府更多的是将手中的数据当作公共资源来管理。而在流通价值上，经济主体可通过一些流通手段获取经济利益，如数据售卖、数据租赁等。

数据资产的利益性主要来源于多种价值。其中，数据资产的流通价值相对明显，经济主体控制的部分数据无法为自己所用，因此可以通过出租或售卖给其他主体使用，获得可量化的直接收益。数据资产的使用价值则较为抽象，主要是指经济主体挖掘出数据中的规律性信息以提高工作效率、优化组织管理，获得相对难以量化的间接收益。② 事实上，数据资产在绝大多数情况下是通过间接的方式给企业带来经济利益。企业不是只有收集、存储、售卖数据才能获得利益，而主要是运用数据形成竞争优势（Ahmad and Ven，2018）。

（三）价值波动性

数据资产的价值会不断波动。数据资产的价值波动性来源于数据资源的时效性，这意味着过去的数据资产价值可能会逐渐降低，甚至失去价值，这点在第一章中已提及。对于一些价值波动性较强的数据资产，如果经济主体无法及时对数据进行更新，这些数据资产就有可能发生贬值。例如，一家餐饮企业在制订下半年的原料订货计划和生产计划时，需要依据当年上半年的消费数据和行情数据，而几年前的数据参考价值显然稍弱。而对于科研机构，研究结

---

① 如年龄、性别、子女信息等数据。
② 此处的直接收益和间接收益需要与下文中提到的直接经济利益和间接经济利益两个概念进行区分。直接/间接收益区别在于获取的利益是否可量化，直接/间接经济利益区别在于获取利益的工具的权属是否属于受益主体。

论也要尽量基于最新数据。数据资产的价值波动性还来源于外部因素，例如技术发展，分析工具变得更加先进，这样可能会给原本低价值的数据资产带来增值。

与其他资产（尤其是固定资产）不同，数据资产的价值波动性是不随使用程度变化且不可预估的。根据会计准则，固定资产会在使用中发生损耗，这时企业一般会采用折旧法，把损耗产生的成本分摊到资产使用期限内的每一个会计年度中。企业资产的折旧反映了某类资产的价值随着使用次数增多而人为减少，或是随着时间的推移而自然减少。由于数据资源具有无形性，前一种情况几乎不会出现在数据资产中。此外，数据资产的价值波动程度无法用类似于直线法或加速折旧法等方法计量。数据资产可能有一个明确的计量价值，但中国信通院在《数据资产化：数据资产确认与会计计量研究报》中曾提到数据资产很难规定一个明确的使用期限，即使再久远的数据也存在价值，甚至会因现实场景不同而实现增值。而且不同类型数据资产的价值随时间变化的程度也不尽相同，像天气、物流等实时性要求较高的数据资产价值波动速度会快一些，而公司历史财务数据、店铺数量这类数据资产的价值则变化相对较慢。

第二节　数据资产的确认与入表

中国信通院在《数据资产化：数据资产确认与会计计量研究报告》中提到了数据资产化的概念。然而，数据资产化程度仍然较低。该报告推算，截至 2020 年 5 月，我国 A 股市场实现数据资产化的企业占比仅不到 3%，人们似乎仍未意识到数据资源成为资产的重要性。

在经济主体运用数据资产的过程中，数据资产确认是非常关键的一环（李如，2017；秦荣生，2020）。根据会计准则，符合资产定义且满足以下两个条件的资源可确认为资产：其一，与该资源有关的经济利益很可能流入企业；其二，该资源的成本或价值能可靠地计量。而符合资产定义且满足资产确认条件的项目，应计入资产负债表；符合资产定义但不满足资产确认条件的项目，则无法计入资产负债表。在讨论了数据资产的定义后，本节将进一步讨论数据资产的确认。第一小节将结合资产确认的定义，重点讨论数据资产确认的过程。经过确认后的资产可计入报表，而第二小节将分析数据资产与其他资产的异同，为第三小节介绍数据资产可能以哪些形式被计入主体的会计报表中做准备。

一 数据资产确认步骤

数据资产确认的步骤可参考资产确认的条件。中国信通院在《数据资产化：数据资产确认与会计计量研究报告》中就曾提出数据资产确认的三个原则：可变现、可控制、可量化。类似的，本书认为数据资产确认具体可分为三个步骤：第一步，识别很可能对主体有经济价值的数据资源；第二步，确认受益主体；第三步，计算数据资产价值或成本。其中，第一步是判断该数据资源是否很可能为经济主体产生经济价值；第二步则是确定数据资源产生的经济价值很有可能流入该特定经济主体，两者结合可看作资产确认定义中的第一个条件；第三步则对应着资产确认定义中的第二个条件。

（一）识别很可能对经济主体有经济价值的数据资源

识别很可能对经济主体有经济价值的数据资源是指筛选出能作为资产的数据资源。与其他资产有所不同，数据资源有很大的个体差异性，这在第一章数据资源与石油资源的对比中已经提及。一份数据资源在某个经济主体的控制下可以确认为资产，但经济主体更换后可能会失去经济价值；即使在同一经济主体的控制下，也会因为业务不同产生不一样的经济价值。因此，对于特定的经济主体而言，不是所有的数据都可以被确认为数据资产。经济主体在生产和生活中会收集到很多数据资源，其中不少是被动获取的，例如与经营活动相关的数据资源。在将这些数据资源确认为资产前，经济主体需要判断出此数据当下或者将来对自己有经济价值的概率大小，以及此数据是否值得付出一定的成本去管理。

不同行业对于数据资源经济价值的识别程度有差异，行业间数据资产确认程度的不同来源于技术、意识等多方面的差异。Perrons和 Jensen（2015）通过研究石油和天然气领域的大数据去向，发现在石油和天然气行业里，数据通常被认为是关于实物资产的描述信息，而不是本身有价值的东西，行业数据往往被遗弃，或只是被粗略地分析；而那些被广泛认为是大数据产业领导者的公司拥有更多数据资源与人才资源，在识别数据资源和确认数据资产上有天然优势。这是因为在后者的战略规划中，数据被认为是一种有经济价值的资产而得到重用。技术和意识的差异造成了经济主体数据资源被确认为资产的进度不同。

未来各经济主体间对数据资源价值的识别程度差异将会减少。在数字经济时代，有更多经济主体开始意识到数据资产的重要性；而随着大数据技术的普及，行业间的技术壁垒也将逐渐减小。正如高伟（2016）所举的通信话单一例，过去电信公司运用话单上的数据计算通话费用，并出于安全考虑暂时保存数据，但这增加了存储费用的支出，因此不久后公司就会丢弃这些数据。而随着分析技术的进步，话单上的数据有了更多用途，如公司根据话单的通话地点和时长有针对性地布点基站。经济主体有意识地挖掘数据经济价值是数据资产确认的第一步。

（二）确认受益主体

确认受益主体是指辨认出对应数据资源产生的经济利益将由谁获得。确定利益所属主体时可能会涉及数据确权问题，尽管数据的确权仍有争议，但数据资源的获取壁垒和弱排他性让经济主体可以拥有对数据的部分权利，如使用权、管理权、财产权等。正如数据资产的定义所说，经济主体不一定有"所有权"，而是"拥有或控制"，因此讨论财产权比讨论所有权更有意义，这一点在高伟

（2016）及中国信通院的《数据资产化：数据资产确认与会计计量研究报告》中同样有所提及。财产权对应的主体即为受益主体。从该角度看，数据资产在某些情形下可类似于使用权资产，即经济主体不直接拥有资产而是获得使用权利，但通过使用它获得了经济利益。

理论上，有两种经济主体可以从数据资产中获利并成为受益主体：数据资产的所有者和使用者。数据资产的所有者拥有获取该资产带来的经济利益的权利。根据本书在第三章中的讨论，数据资源是有财产权属性的，所有者通过对数据资源的处置可以获得经济利益，成为该资源对应的数据资产的受益主体，即所有者拥有数据财产权。当所有者缺乏使用数据资产的意识、动力和能力时，可以将数据资产的部分权利转移给具备使用条件的使用者，此时使用者成为该数据资产新的受益主体，数据资产的财产权也同时转移给使用者。上述讨论类似于审计中将经济利益分为直接经济利益和间接经济利益。受益者通过使用投资工具获得经济利益，如果该工具的所有权属于受益者，那么该利益是直接经济利益；如果该工具的所有权不属于受益者，那么该利益就是间接经济利益。[①]

数据资产中受益主体的归属还可能涉及主动性。此处的主动性是指数据资产所有者和使用者不是同一主体时，所有者是否主动向使用者索取经济报酬。以个人数据资产为例，几乎所有人使用软件时均会直接将自身的数据授权给公司使用，从而获取非经济利益，如软件的服务等。随后，企业根据这些数据进行用户画像，提高自己的运营效率与经济收益。从定义上讲，此时受益主体是企业，因此企业将这份数据确认为是自己的资产。但如果个人能对自己的数据有资产意识，也可以向企业索取经济报酬，如下面案例所述。

---

① 东奥会计，https://www.dongao.com/zckjs/sj/201409/185304.shtml。

> ### 【案例：个人的数据资产】
>
> 　　个人也可以出售自己的数据。早在 2014 年左右，就有一名荷兰学生肖恩斯曾以 350 欧元的价格卖出自己的医疗数据、浏览历史和消费偏好数据。纽约大学的学生费德里科追踪并挖掘了自己的数据，并在 Kickstarter 网站上发起项目筹得了 2700 美元。在这些案例发生后，企业也开始重视起个人数据资产，尝试用奖励的方式获得用户社交媒体账户的访问权限。例如，美国企业 Datacoup、英国网站和应用服务商 Handshake 都曾为获取用户数据而直接或间接提供一些奖金。
>
> 　　个人从数据交易中获取了经济利益，这些交易是对个人数据的资产属性的认可。然而，目前很多个人和企业仍然没有这种意识。埃森哲的调研结果显示，尽管已经有六成左右的企业发现个人通过数据进行变现，但事实上大多数企业并没有真的给予消费者补贴，付诸行动的企业仅不到半成。个人向企业提供数据仍是被动的——获取服务就必须贡献自己的数据。在某种程度上，大部分个人数据的掌控权仍然在企业手中。[①]

（三）数据资产价值或成本的计量

　　数据资产确认时需要以确切的金额计入报表，因此经济主体需要对数据资产的价值或成本进行计量。对于数据资产的流通价值，德勤和阿里研究院在《数据资产化之路——数据资产的估值与行业实践》中提出了几种数据资产价值评估的方式，包括成本法、收益法与市场法三大类。其中，成本法是对无形资产价值的计算方式，用资产的重置成本扣除贬值，但本书认为成本法并不完全适用于无形资产，因为无形资产的价值可能会超过其重置成本；收益法基于

---

　　① 埃森哲中国，https://mp.weixin.qq.com/s/i0gq7z5_hRRUv6aazlAZmg.

对资产未来收益的预测并对其取现值，但该方法需要预测出未来的现金流情况；市场法则需要依据资产的交易价格。此外，数据资产的定价方式还有无套利定价法、Shapely 定价法和 Ramsay 定价法。上述提到的几类方法均会在第六章中详细阐述。对于数据资产的使用价值，经济主体则难准确计量数值，因为数据资产的价值波动程度和运用大数据手段产生的利益增值通常是不确定的。另外，从数据权属的角度计量数据资产价值也有差异。当经济主体拥有数据资产的所有权时，通常能获得该数据资产带来的所有经济价值；而经济主体仅拥有数据资产的使用权时，往往还需要考虑与数据资产所有者的价值分配问题。

事实上，经济主体在对数据资产进行确认时更多地采用计量成本的方式。数据资产通常表现出固定资产和无形资产的性质：大多数据资产使用年限会超过一个会计年度，符合固定资产的性质；而部分数据资产能用于交易等事项，也符合无形资产的可辨认性①原则。实践中，与数据资产相关的成本可能有购置费用、研发费用、税务费用等。

二　数据资产与其他资产

在结束对数据资产确认步骤的讨论后，有必要将数据资产与其他常见的资产进行比较，为后续数据资产入表的讨论做铺垫。数据资产与其他资产的区别主要体现在数据自身的特性上，表 5 - 2 按一般资产负债表中的流动资产与非流动资产大类，对比了数据资产与部分其他资产的异同。在不同资产中，数据资产更接近非流动资产中无形资产的性质，部分不具备可辨认性的数据资产则接近于商誉的性质。②

---

①　可辨认性即符合以下两种条件之一：（1）能够从企业中分离或者划分出来，并能单独或者与相关合同、资产或负债一起，用于出售、转移、授予许可、租赁或者交换。（2）源自合同性权利或其他法定权利，无论这些权利是否可以从企业或其他权利和义务中转移或者分离。来源于中国会计网。
②　德勤和阿里研究院，2019。

表 5 - 2　　　　　　数据资产与其他资产的区别与联系

类别	资产名称	与数据资产的区别	与数据资产的联系
非流动资产	物业、厂房及设备	1. 数据资产不会因为使用而消耗 2. 新购入的物业、厂房和设备是实体的，且在使用过程中会有老旧、损坏的风险	两者均可用于企业的生产环节，是一种生产工具
	商誉	1. 商誉的形式相对更主观、更难以判断 2. 数据资产在提升效率、获得收益方面作用更明显一些 3. 部分数据资产符合可辨认性，而商誉无法辨认，与企业整体相关	两者均难以计量，对企业的影响较抽象
	无形资产	部分数据资产不具有可辨认性，无法从企业中剥离	两者均具有无形性质，部分数据资产可用于出售、转移、授予许可、租赁或者交换
流动资产	存货	1. 现今数据资产大多不用于交易，而是用于日常经营 2. 存货大多用于销售	两者均可在企业的销售环节发挥作用，保证销售活动的顺利进行①
	现金及其等价物	数据资产暂时无法用货币计量	部分数据资产具有流动性，可以参与一些短期交易

资料来源：笔者根据公开信息整理。

三　数据资产入表

将数据资产计入财务报表对经济主体运用数据资产具有重要意义。然而，经济主体的会计核算一直没能建立统一的标准来有效计

---

① 例如，对数据资产的分析可以帮助企业及时掌握市场需求，调整上游订单。

量数据资产。要讨论数据资产入表，不能离开数据和数据资源本身的性质。结合其他章节对数据及其衍生概念相关性质的讨论，本小节将探讨数据资产在资产负债表中如何体现。

在资产负债表中，由于数据资产的性质特殊，目前专家和学者对数据资产应计入何种会计科目尚无定论。其中部分争论聚焦在数据资产究竟属于有形资产、无形资产还是商誉的一部分。基于数据资源的无形性，可以将数据资产计入无形资产。SNA2008 将数据库与开发成果、文学作品等同归在知识产权产品的领域，而知识产权产品属于 SNA1993 中规定的无形生产资产，可以通过售卖和自行运用两种途径为开发者获利。朱扬勇和叶雅珍（2018）认为数据资产的信息属性以及数据勘探权、使用权等表现出无形资产的特征。基于数据资产（尤其是数据库）的客观存在性，可以将数据资产计入有形资产。朱扬勇和叶雅珍（2018）同时认为数据资产的物理属性和存在属性表现出有形资产的特征，这两种属性说明了数据资产需要占用一定的空间且是可读取的。基于部分数据资产的不可辨认性，可以将数据资产计入商誉，这需要对不同类别的数据资产进行讨论。德勤和阿里研究院在《数据资产化之路——数据资产的估值与行业实践》报告中提及，利用无形资产定义中"能够从企业中划分出来"这一性质，将数据资产分为两个部分。一部分是能从企业中划分出来并形成数据产品，用于外部商业化的数据，能分离的数据资产一般可作为无形资产。另一部分是来源于企业日常经营的数据，如企业产品数据等，这些数据无法从特定的企业中剥离出来，一旦剥离将失去意义。这些无法从企业中分离的、难以辨认的数据资产，则可作为商誉的一部分。以上分法拓展至其他经济主体依旧适用。

第三节　数据资产的应用准备

数据资产应用在整体上与前四章介绍的数据资源应用差别不大，

都是将数据资源（数据资产）作为一种价值客体，被价值主体（经济主体）运用，读者可参照第二章中对数据资源价值的讨论。不同之处在于数据资产将"价值"限定在经济价值，并确定了财产权，即经济主体对数据资产的盈亏负责的权利。

数据资产的经济价值分为直接收益与间接收益两类，其中直接收益对应数据资产交易领域，包括与数据资产相关的交易事项，如售卖、抵押等；间接收益对应数据资产管理领域，不直接产生可量化的收益。这两大领域会在后续章节中进一步介绍。而本节将主要讨论应用数据资产前的一些准备，包括数据资产的获取、存储以及数据资产的风险管理。

一　数据资产的获取

数据资产获取是应用的前提。经济主体对数据资产进行各类处理，如清洗、分析、共享等之前，需要先获取数据资产。

经济主体获取数据资产的方式有三种：由自身活动产生数据，从各种渠道收集数据，或向其他经济主体租赁、购买或交换数据。其中，第一种方式获取成本不高，但数据价值密度可能较低，需要经济主体进行甄别和筛选；第二种方式获取的数据资产种类较多，但需要较高的技术水平；第三种方式在实践中仍面临一些困难，例如交易场所较缺乏、交易双方难以确定交易中的所有权归属、数据资产没有统一的定价方式等。

技术成熟时，数据资产的收集具有边际成本递减的特性。不同经济主体间的主要收集方式不同。例如，政府之间通常采用共享的方式收集其他主体拥有的数据，而企业收集个人数据则常以软件服务交换。以企业为例，前期获取数据资产时搭建的数据库、聘请的技术人员需要大量固定成本，但由于规模效应，后期每新增一条数据所需的成本很少。除了获取成本外，管理成本和损失成本也同样具有边际成本递减的特性，即多收集、存储和运用一条数据几乎不需要额外成本，而多损失一条数据也几乎不会增加损失，前提是数据资产的体量足够大。前文中提到，经济主体是需要盈利的，而从

"入大于出"盈利模式的角度看，经济主体收集个人信息的动机显而易见，如下面案例中 App 对个人数据的获取。但如果经济主体的数字技术尚未成熟，就会导致收集过程中很可能产生其他成本，因此收集成本难以遵循边际递减的规律，甚至呈现递增趋势，比如新增的数据遗失成本、数据失真成本等。

【案例：App 的数据获取】

App 对个人数据的获取越来越容易。在大多数情况下，App 只需提供一部分服务就能轻而易举地得到用户数据的授权。想象这样一个场景：你下载一个旅行 App，并打算注册一个新账号以预订酒店。你不禁想到很久之前在线下入住酒店的场景，那时你只需要出示身份证，填写手机号这类必要信息就可以完成手续了。而现在，你还需要确认该 App 拥有一系列权限，如语音权限、摄像头权限、GPS 定位等。由于验证身份时你可能需要使用上述权限，怕麻烦的你全部点了"同意"。服务提供和数据收集产生的成本微不足道，而多获取一个用户数据就能使 App 拥有更完善的用户画像，进行更精准的信息推送。

经济主体在获取数据资产时容易产生纠纷，这主要是因为经济主体对个人信息缺乏保护意识。政府内部的管控较为严格，他们通常利用公信力进行收集，而其他经济主体，如企业和组织等，总是希望获取更多、更详细的数据，并将它们转换成自己的数据资产。自然数据的收集风险较低，而在个人数据的收集过程中，数据的权利转移和隐私保护是值得关注的问题。2021 年 7 月前后，国家计算机病毒应急处理中心通过互联网监测，发现 18 款移动应用存在不同程度的隐私保护不合规行为，包括未有明显弹窗提示用户阅读隐私条款、未明示所有隐私权限、未征得用户同意、用户注销流程不完善、缺少个人信息安全投诉渠道等。这 18 款 App 涉嫌过度收集个人信息，最终被政府勒令整改。①

　　经济主体对个人数据的过度获取问题需引起管理部门的重视。根据《民法典》第 111 条规定，任何组织或个人不得非法收集、使用、加工、传输他人个人信息，不得非法买卖、提供或者公开他人个人信息。② 我国 2021 年 6 月颁布的《数据安全法》已明确规定：组织和个人收集数据必须采取合法且正当的方式。③ 经济主体在利用个人数据谋利时须经过合规的流程，包括获取手段合规、收集范围合规、使用途径合规等。手段合规是指经济主体应采用正当的、明确的方式收集个人数据，比如收集前列出明确的隐私条款，不能隐瞒或模糊化可能侵犯用户隐私的条款。收集范围合规是指经济主体不能收集过于敏感的个人数据，如获取用户在其他网站的密码、用录像或录音权限私自收集用户的日常活动数据等。使用途径合规是指经济主体应将获取的数据用于合法合规的用途，非法售卖个人信息、大数据杀熟等是常见的不正当用途。

二　数据资产的存储

　　数据资产存储是应用的基础。存储的第一层是"保存"，即将数据保存下来，是整个数据资产存储流程的前提。尽管每时每刻有大量数据产生，但国际大数据公司 IDC 的调查显示，人类活动产生的数据中仅有 2% 能够被存储和保存下来。④ 存储的第二层是"维护"，保存下来的数据应当及时清洗与更新，保证数据质量。存储的第三层是"流通"，流通是数据资产存储的最终目的之一，这既包括经济主体内部数据之间的互通，也包括经济主体间的数据交流，这能够充分地发挥数据资产的正外部性，更好地服务于

---

①　新京报，https：//baijiahao. baidu. com/s？ id = 1704899027368122304&wfr = spider& for = pc.

②　中国人大网，http：//www. npc. gov. cn/npc/c30834/202006/75ba6483b8344591ab d07917e1d25cc8. shtml.

③　最高人民法院，https：//baijiahao. baidu. com/s？ id = 1702265632126727684&wfr = spider&for = pc.

④　存储在线，http：//www. dostor. com/p/64141. html.

经济主体。

　　数据资产存储面临成本过高和容量有限两大挑战。从成本看，数据资产有可能最终导致经济主体亏损。经济主体是盈利导向的，如果存储的成本远高于数据资产运用可能带来的收益，那么经济主体难以长期维持这些数据资产。存储的成本来源包括数据库的日常维护、技术人员的聘用、防火墙的设置等。从容量看，如果经济主体的数据存储空间有限，将无法保存更多有用的数据。数据资产的数量、种类总是在不断增加，且可能存在噪声数据，这对经济主体的存储设备提出了更高要求。

　　经济主体需要更先进的数据存储方法。如果存储方法得当，经济主体可以在很大程度上降低数据的存储成本，提高毛利率。但如果数据存储出现差错，经济主体不仅会在经济上有所损失，还有可能面临其他数据风险，具体风险类型将在后文的"数据资产风险"中介绍。提高数据资产存储水平有两个关键点：其一，存储设备应当与时俱进，经济主体应选择容量更高、运行更稳定和环境更安全的数据介质，以节约成本。其二，管理人员应当不断改进技术，不能只将数据机械地聚集在一起，而是应该构建一个数据湖，让数据资产之间有机结合在一起，从而节省存储空间、更好地发挥数据资产作用。例如，易华录的数据湖探索就有利于解决数据存储成本的问题。

【案例：易华录的数据湖探索】

　　北京易华录信息技术股份有限公司（以下简称易华录）是一家以努力降低全社会长期保存数据的能耗与成本为使命的大数据公司。易华录实施"数据湖＋"战略，提供"采、存、算、管、用"全生命周期的大数据服务。目前，易华录已在天津、江苏、重庆等地建立多个数据湖，助推各地大数据产业发展。①

易华录拥有先进的数据资产存储技术。易华录采用的蓝光存储技术，具有 PB 级大容量、超长保存时间、防病毒攻击、防人为篡改等多项优势。同时，易华录的光磁融合管理系统能实现数据资产分级存储，其中 20% 是热磁存储，用于经常被访问的在线数据资产；80% 是冷数据蓝光存储，用于不常使用的备份数据资产等。2021 年上半年，面对投资者的提问时，易华录表示公司蓝光产品可实现 100 年数据资产安全存储，大幅减少数据资产的存储成本。②

三　数据资产风险管理

数据资产风险管理是应用过程顺利进行的重要保障。数据资产风险产生的主要原因有使用主体与所有者的不统一、经济主体对利润的过度追求、经济主体相关意识和能力的缺乏等。美国反虚假财务报告委员会下属的发起人委员会（以下简称 COSO）曾提出了一个风险管理框架，而下文将依照这个框架，从风险识别、风险评估和风险控制角度讨论经济主体在实践中应如何管理这些风险。③

数据资产的风险识别是指经济主体需识别数据资产风险的种类。除去前文中介绍的数据泄露风险外，常见的数据资产风险还有自然风险、匿名化风险、操作风险、共享风险等。其中，自然风险是指数据资产会受到不可抗力的外部损害，如极端天气导致的数据存储中心毁坏、断电导致数字设备无法正常运行等，这种风险既难以预测，也无法完全避免。匿名化风险是指已经匿名化的数据仍有可能

---

① 由公司年报、官网等公开渠道整理。
② 腾讯网，https：//new. qq. com/omn/20210713/20210713A080G100. html.
③ 蚂蚁文库，https：//www. mayiwenku. com/p – 3762126. html.

转化成可识别特定个体的数据的风险，随着情境因素①变化和技术发展，匿名化数据可能被还原，从而无法保护个人隐私（张涛，2019）。操作风险是指经济主体内部技术人员处理数据资产的方法不当引发的风险，可能导致结论错误、数据丢失等后果。共享风险是指数据共享过程中经济主体可能侵害共享者和数据提供者的权利，例如，数据共享需要将数据资产集中存储，增大了数据资产被攻击或泄露的概率（曾燕等，2020）。识别数据资产风险后，经济主体才能更好地对此做出应对。

数据资产的风险评估是指经济主体通过各类方式评估数据资产的风险。评估方法主要是建立数据分级制度，如张淼等（2006）曾构建一个数据分类体系，用评分卡将各类数据资产按重要程度递减分为核心数据、保密数据、重要数据和普通数据等。经济主体是以利润为导向的，不可能对所有风险保持严谨的回避态度，在对风险的规避中必然有所取舍，故经济主体评估数据资产风险有利于其制定更高效、更精准的风险管控体系。具体到实践中，中国人民银行于 2020 年 9 月发布《金融数据安全分级指南》，提出数据安全性的三个维度：保密性、完整性和可用性，并在评估数据安全性受到破坏后产生的影响时，将影响分为影响对象与影响程度两个因素考虑。其中，影响对象包括国家安全、公众权益、个人隐私与主体合法权益，影响程度从大到小分为严重损害、一般损害、轻微损害与无损害四级。该指南从上述三个维度出发，结合具体数据的类型与特点，分别对数据受破坏后的影响进行评估，最终将数据安全等级分为五级。无独有偶，中华人民共和国工业和信息化部在 2021 年 9 月 30 日发布的《工业和信息化领域数据安全管理办法（试行）（征求意见稿）》按照危害程度从小到大将工业和电信数据分为一般数据、重要数据和核心数据三级。

---

① 根据张涛（2019）的解释，欧盟《通用数据保护条例》采用的是情境定义，个人数据的认定需要结合具体的数据环境。

　　数据资产的风险控制是指经济主体在风险发生的过程中对各类数据资产风险进行管控。根据经济主体对风险的态度，数据资产的风险控制手段可分为规避、减少、共担、接受等。其中，接受手段是指经济主体不对数据资产的风险采取任何措施，这是非常消极的、不被提倡的态度。而规避手段是指经济主体尝试完全消除数据资产的风险，这种情况则难以达到，因为在操作过程中风险总是一直存在的。而减少和共担两种手段的目的均为消除数据资产部分风险，是比较可取的态度，其中减少手段是从内部降低数据资产的风险，而共担则是通过风险转移让其他主体分担一部分风险。根据数据资产风险的控制过程，本节再次将风险控制与转移分为事前控制、事中控制和事后控制三类。事前控制是经济主体在风险事件发生之前实施保护性措施，经济主体可通过建立数据监测系统和容灾系统、设置数据防控部门等方式降低风险事件发生的概率，或是事先为数据资产购买保险等以减弱风险事件产生的影响。事中控制是经济主体在风险事件发生过程中尽量降低风险事件带来的危害，经济主体可通过一些紧急手段，如及时切断数据资产泄露路径、及时转移数据资产等，减小数据资产风险即将产生的损失和缩窄损失范围。事后控制是经济主体在风险事件发生后进行挽救和补偿，经济主体可通过启用备份数据资产等方式减少损失。下面案例中的容灾系统就是一种对数据资产风险的事前控制。

【案例：数据资产的容灾系统】

　　建立容灾系统对重要数据进行备份是控制数据资产风险的有效方法。湖北省农村信用合作社（以下简称湖北农信）致力于容灾系统建设和存储升级，推动金融业务进一步数字化。

　　2017年，湖北农信决定部署同城双活数据中心，并升级改造数据存储系统。区别于传统的"主中心＋备份中心"模式，双活数据中心是指建立多个数据中心，且彼此共同工作、互相备份，在保障数据安全的基础上还能提高运行效率。通过"存储本地双活＋同城灾备"这一方案，湖北农信在茶港数据中心和光谷数据中心部署了高端全闪存设备，减小了灾害和设备故障产生的影响。同时，湖北农信对不同种类的数据采取分级措施，有针对性地分配容灾方式，节省了数据保护成本。①

本章阅读导图

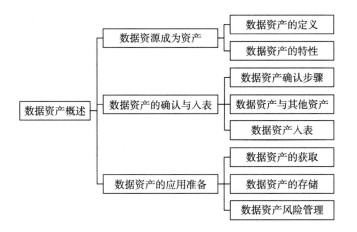

【拓展阅读：数据资产确认的意义、难点与展望】

数据资产的确认对经济主体有多种好处，如保护数据资产安全等。数据资产是被特定经济主体拥有或控制的，拥有或控制方对数据资产具有获利的权利，也具有维护数据资产安全的义务。这减少

---

① 腾讯网，https://new.qq.com/omn/20210805/20210805A04BEL00.html.

了数据资产流通过程中关于权属的纷争（但无法完全消除），并在一定程度上保障了数据资产的安全。

数据资产确认的难点主要在于数据的特殊性质让它难以采取和其他资产一样的确认方法。目前，市场上尚未有较为成功的数据资产确认案例。在确认科目方面，数据确权相关法律有待完善，因此数据资产难以像产权一样确认为无形资产。而在离开数据介质后，数据本质上不具备实体性，因此数据资产也难以确认为一种有形资产。对比商誉，数据资产是可以被剥离经济主体并参与交易、共享等流通过程的。对于数据资产该确认为哪种科目，目前仍未有相应的会计标准。在计量方面，数据资产的价值和成本在大多数情况下无法准确计量，交易也没有统一的定价标准。

数据资产确认的推动需要政府和经济主体共同努力。在政府层面，2021年8月我国通过的《个人信息保护法》明确禁止大数据杀熟等违反市场诚信、破坏市场公平的手段，这有助于规范经济主体对数据资产的使用。同时，政府可以通过补贴等方式支持企业进行数字化转型。在经济主体层面，经济主体需要认识到数据资产确认的重要性。数据资产确认过程需要花费大量人力和物力成本，多数经济主体出于盈利考虑，无法进行数据资产确认。因此，经济主体需要坚持大数据发展战略，提高其数字化程度，从而为数据资产确认做好设备、人员、管理架构等方面的准备。

第六章　数据资产定价

随着数据资产逐渐成为企业的核心资产之一，数据资产定价也成为实践探索和学术研究的重点。目前，对数据资产定价问题的探索路径和研究方法尚不成熟。在学术界，关于数据资产定价问题的讨论很多，但是大多数研究结果认为目前缺乏一种针对数据资产的、适用于不同场景和交易机制的定价方法。在实践中，数据资产的交易集中在几种特定的交易机制下，数据资产尚未单独纳入会计准则，更多的是以无形资产的方式计入企业资产。因此，对数据资产定价问题的研究需要基于一个明确的交易机制。

在本章中，我们主要介绍有具体交易机制情形下的数据资产定价。对资产进行定价时，我们首先需要根据资产特征选择合适的定价方法，随后分析哪些因素会影响资产价格，最后再根据具体的交易机制确定定价模型。依照以上逻辑和步骤，本章第一节简要分析数据资产的定价特征，并讨论在数据资产定价中，不同的资产定价方法适用的场景和条件。第二节从质量维度和应用维度两个方面讨论影响数据资产价格的因素以及其如何影响数据资产价格。第三节介绍四种相对成熟的数据资产交易机制和典型定价案例，包括黄页数据交易、数据库交易、搜索引擎广告拍卖和协议交易模式，并讨论每种交易机制所采用的定价方法和定价模型。第四节总结当前数据资产定价面临的困难，并对数据资产定价的发展进行讨论和展望。

【导读案例：Datacy 数据交易平台】

Datacy 成立于 2019 年，总部位于硅谷，旨在推动数据交易的合规透明化。Datacy 开发的平台帮助互联网用户自主决定是否出售包含个人隐私的数据，同时让企业可以从合规渠道购买高质量数据。

个人用户是 Datacy 数据市场的核心。安装 Datacy 的浏览器插件后，个人用户可以自主决定出售数据的具体内容，以及是否将自己的数据出售给相应的应用程序或网站。Datacy 收集汇总个人用户的数据，同时，Datacy 还对用户数据进行匿名化处理，隐去姓名、邮箱地址、身份证号和信用卡卡号等敏感数据。Datacy 向企业收取订阅费后授权企业使用用户数据。每笔数据交易中 85% 的收益会返还给用户，Datacy 只抽取 15%。①

Datacy 出售的数据资源在被购买数据资源的企业使用后，会给企业带来收益，形成数据资产。由于这些数据资源是直接由用户自愿提供的，质量、真实性和细节都要优于市面上大部分数据，因此其形成的数据资产价值也相对更高。Datacy 对个人用户的数据进行了汇总、整理和脱敏等工作，使这部分数据资源能够被企业高效利用，形成高质量的数据资产。因此，对购买数据资产的企业而言，Datacy 是高质量的数据资产提供者，而不是一个数据中介。Datacy 发展迅速，在 2020 年用户数量平均月增长率接近 30%。这些用户委托 Datacy 出售的数据资源也就形成了 Datacy 的数据资产。

---

① Datacy 的数据资产定价是复合型的定价。一方面，Datacy 需要对企业收取的订阅费进行定价，这类似于后文提到的数据库交易定价机制。另一方面，Datacy 需要对获取个人用户数据使用权进行定价，这类似于后文提到的黄页数据交易定价机制。因此，我们不再单独分析 Datacy 的定价机制。

【案例探讨】

Datacy 的数据资产是什么？其收益是什么？

第一节 数据资产的定价特征和
定价方法选择

在前面的章节中，我们对数据资产进行了定义，在数据资产定价问题中我们需要对定价进一步阐述和说明，以方便后续讨论和分析。根据第五章的内容，我们知道数据资产是由明确的经济主体拥有或控制的、可以为经济主体带来经济利益的数据资源。在导读案例中，个人用户通过委托 Datacy 出售自己的数据资源可以为自身带来收益，因此这部分数据资源是个人用户的数据资产。对于 Datacy 而言，其拥有的是个人用户授权给 Datacy 的数据使用权。值得强调的是，个人用户可以随时终止数据出售，这意味着 Datacy 并不拥有数据所有权。Datacy 通过处理数据并将数据出售给其他企业获利，为自身带来了收益。因此，根据数据资产的定义，Datacy 获得个人用户授权的数据资源就是 Datacy 的数据资产。

那么，同样的数据资源可以形成属于不同经济主体的不同数据资产吗？还是只能形成一份数据资产，但是该数据资产可以属于不同的经济主体？从定价和交易的角度，我们认为，个人用户和 Datacy 的数据资产是同一个数据资源，但却是不同的数据资产。其原因在于，个人用户所拥有的是数据资源所有权，并将数据资源使用权出售或委托给 Datacy，而 Datacy 虽然不具备数据资源所有权，但是拥有数据资源的使用权。因此，虽然个人用户和 Datacy 的数据资产都是同一个数据资源，但形成资产的基本权属却是不同的。在传统资产中我们可以找到类似的情况，例如，农民可以出租自己拥有产权的土地从而获得收益，此时土地是农民的固定资产，而企业在获得土地承包权后可以通过经营获得收益，因此企业也会有基于同一土地的使用权资产，[1] 两者并不冲突。类似的还有加盟商向品牌方支付费用，获得品牌的授权，从而形成使用权资产。此时，数据资产仍旧是数据资源形成的，但是一个数据资源可能会形成多个数据资产。其核心原因在于数据资源可以让多个主体同时使用，并各自产生收益。依据该思想，在数据资产定价问题中，我们认为，同一数据资源在基本权属不同、应用场景不同的情况下所形成的数据资产是不同的。如果我们认为同一数据资源只能形成一份数据资产，那么我们在定价中就需要面对数据资产多次出售给不同主体的问题，[2] 这不仅会增加数据资产定价的难度，还会在会计等方面产生新的问题。

一　数据资产的定价特征

在定价问题中，不同的方法所适用的资产特征是不同的。例如，收益法针对的资产定价特征是资产在未来有相对稳定的现金流，故而收益法主要用于对固定收益证券、房地产等未来收益相对确定的资产进行估值和定价。而当被定价资产主要是存量资产，或获利能力波动较大、未来收益难以估计时，收益法对资产的估值将会出现明显的偏差。

数据资产具有的定价特征影响数据资产定价方法的选择。根据资产的定价特征选择合适的定价方法是对资产进行准确定价的前提。只有详细分析并准确了解数据资产的定价特征，我们才能够选择合适的方法对数据资产进行定价。

---

① 使用权资产的定义和会计计算方式可以参考《企业会计准则第 21 号——租赁》。

② 例如，企业 A 拥有数据资源。企业 B 从企业 A 购得数据资源使用权，并利用该数据资源在消费市场中获得收益。企业 C 从企业 A 购得数据资源使用权，并利用该数据资产在金融市场中获得收益。企业 B 和企业 C 是利用相同的数据资源并获得收益的。根据定义，企业 A、企业 B 和企业 C 都有一份数据资产。若同一数据资源只能形成一份数据资产，则企业 B、企业 C 是从企业 A 中购得数据资产，而非数据资源，此时存在一份数据资产重复出售给两家企业的问题。若企业 A、企业 B 和企业 C 拥有同一份数据资产，这会导致数据资产所有权、收益权等权属不清，且难以确认数据资产收益主体。

数据资产的分类众多，不同类型的数据资产虽然具有各自的特点，但是总体而言并没有根本性质上的差异，因此本小节将从总体上简要分析数据资产的定价特征，不对具体类型的数据资产进行讨论。例如，金融数据资产、政务数据资产、医疗数据资产等具备各自的特征。我们并不强调它们之间的差异，而是讨论它们的共性对定价的影响。这一方面有助于我们找到数据资产的共同点，理解数据资产的定价特征，另一方面也清楚界定了数据资产定价的分析范围。

当资产的某个性质或特征会影响资产定价方法选择时，这个性质或特征就是资产的定价特征。由于分析角度不同，数据资产的定价特征可以来自多个不同的方面。如表6-1所示，我们将数据资产的定价特征分为三个来源，分别为数据资源特征、大数据特征和资产利用特征。在本节我们将介绍数据资产的定价特征，不同定价特征对定价方法选择的影响将在下一节阐述。

表6-1 数据资产的定价特征

定价特征来源	定价特征
数据资源特征	易复制性
	易传输性
大数据特征	数据量大
	数据更新频繁
资产利用特征	市场场景依赖性
	协同价值性
	使用价值外部性
	强技术依赖性

资料来源：笔者根据公开信息整理。

数据资产的易复制性和易传输性定价特征源自数据资源特征。数据资产是能够给经济主体带来收益的数据资源，自然也就具备数据资源的特征。易复制性是指数据资产可以以较低的成本进行复制，从而使同一个数据资产可以同时被多个主体使用，因此数据资产具有非竞争性、单次销售①的性质。这些性质是易复制性在不同交易机制下的具体表现，会影响数据资产定价方法的选择。易传输性意味着数据资产进行空间转移或传输的成本低，数据资产可以迅速且几乎无摩擦地在地理空间上转移，并在不同地区释放价值，影响数据资产定价方法的选择。

数据资产的数据量大和数据更新频繁定价特征源自大数据特征。数据量大意味着数据资产的成本不可忽略。由于单条数据的信息量不大，人们需要大量的数据才能对模型进行训练，找到规律，才能够充分利用数据信息。当数据资产所包含的数据量不足时，数据资产提供的信息会存在偏差，使数据资产价值下降，甚至失去使用价值。对大量数据进行采集、存储和处理并不是一件简单的事情，需要具备一定的设备、人员和技术，因此对数据资产进行定价必须要考虑到数据量大的特征。数据更新频繁的特征意味着数据资产的维护成本不可忽略。为了得到能够准确描述当前市场环境的信息和模型，数据资产对应的数据资源需要频繁更新，以确保其所包含的信息是最新的、准确的，从而能够为企业创造价值，否则数据资产的使用价值会逐渐下降，甚至消失。频繁的数据更新需要企业具有稳定可靠的数据来源，这对数据资产的使用和管理提出了很高的要求，也给企业增加了数据资产的维护成本。对于传统资产，企业可以通过维护、购买新设备来保持资产水平，以获得稳定的生产效率。对于数据资产，企业也可以通过维护数据采集系统或购买新数据以维持数据资产的使用价值。

数据资产的市场场景依赖性、协同价值性、使用价值外部性和强技术依赖性定价特征源自资产利用特征。第一，数据资产的价值受到其使用场景和市场环境的影响。企业基于某一特定场景，对数据资源进行加工和处理，得到应用模型和分析结果，为企业带来收

①　单次销售是指产品只能销售一次，购买方不会二次购买同样的产品。

益，从而形成了数据资产。这意味着数据资产的价值依赖其应用场景。由于市场环境和经济价值不同，即使企业使用相同的数据资源，在不同的场景中创造的收益也有所不同，故而同一数据资源对应的数据资产价值也有所不同。因此，对数据资产定价必须要考虑其市场场景依赖性。第二，数据资产可能综合利用多个不同的数据，因此具备协同价值性的定价特征。例如，营销方面的数据资产会综合使用消费者的个人特征数据、消费数据、职业信息数据等各个方面的数据资源。这些数据资源可能来自不同的数据库或数据来源。在一些数据资产的使用中，企业如果能够获得部分新数据，特别是新维度的数据，可能会极大地提升数据资产的价值。因此，数据资产的价格并不等同于其包含的各个数据资源价格之和，还需要考虑协同价值。第三，数据资产在为企业创造收益的过程中具有使用价值外部性的定价特征。数据对其他行业和领域的影响就是数据外部性的体现。数据资产的外部性来自两个方面。一方面，部分数据资产在使用过程中自身就具备外部性。这些数据资产在使用中固然会对使用者产生收益，但是对其他行业和领域也会产生巨大的影响。例如，滴滴平台收集的交通通行数据有助于提高滴滴的服务品质，为企业带来收益，形成滴滴的数据资产。但同时这部分数据资产也包含国家交通和经济方面的信息，一旦数据资产管理不当可能会对国家安全造成潜在影响。另一方面，企业在利用数据资产获得收益的过程中还会产生正外部性或负外部性。例如，消费金融公司利用数据资产获得收益的同时也改变了银行业的生态，使消费者能够在极短时间内以较低的利率获得贷款，降低了社会的借贷成本，刺激了中小企业的发展，对国家经济产生了正外部性。但是，随着消费金融公司过度使用数据资产，引发了超前消费、诱导消费和套路贷等问题，对国家经济的发展和社会稳定造成了负面影响，进而产生了负外部性。因此，对数据资产定价必须要考虑其外部性的影响。第四，数据资产具有强技术依赖性的定价特征。企业在利用数据资产时，需要综合数据资源、模型、分析结果等各个部分一起使用和创造经济价值，使数据资产的价值依赖于企业所拥有的技术水平。例如，互联网企业所拥有的技术水平更高，能够更充分地挖掘数据资源的价值，其为获得数据资产所愿意支付的价格也越高。因此，数据资产的价格需要考虑企业所拥有的技术水平。

二　常用的资产定价方法对数据资产定价的适用性

资产定价方法是根据被定价资产的定价特征提出的，故也会受到被定价资产的定价特征的约束。当被定价资产的定价特征不符合定价方法的使用条件时，采用该方法对资产进行定价会面临估值偏差、计算困难等问题。因此，根据资产定价特征选择合适的定价方法是对资产准确定价的基础。

常用的资产定价方法有六种，分别为市场法（也称市场均衡法）、收益法（也称收益现值法）、成本法、无套利定价法、Shapley定价法和Ramsay定价法。在对传统企业资产的定价问题中，上述六种资产定价方法的适用场景依次减少，即市场法的适用场景最多，Ramsay定价法的适用场景最少。而在数据资产定价中，上述六种方法都具有一定的局限性。

数据资产特有的定价特征使我们难以直接使用现有的资产定价方法对数据资产进行定价。表6-2对主要的资产定价方法进行了介绍，并简要分析了不同定价方法的适用场景与局限性。例如，市场法可以被应用于垄断市场、寡头市场、完全竞争市场或拍卖，并得到不同的资产定价模型。数据资产的大部分定价特征在传统资产定价问题中可以找到类似的情况，但是没有一种资产定价方法能够同时满足数据资产所有的定价特征。因此，目前我们不可能选择一种资产定价方法直接对所有数据资产进行定价，而需要根据数据资产的具体交易机制以及重点考虑的定价特征选择合适的方法。

为了更详尽地阐述数据资产定价特征对数据资产定价方法选择的影响，我们将依次分析不同的资产定价方法在对数据资产定价时所面临的问题。

表 6 - 2 常用的资产定价方法介绍

资产定价方法	核心思想	适用场景或资产	局限性
市场法	资产价格是在市场均衡下使市场恰好出清的价格	最基础的定价方法,适用于大多数场景和资产	定价时需要基于市场交易机制分析参与者决策,可能导致计算困难
收益法	资产价格是未来现金流的折现现值	资产具有稳定的现金流,或未来现金流容易估计的场景	资产未来收益难以准确估计或波动较大时,可能导致定价偏差
成本法	资产价格是资产的现时重置成本扣减其各项损耗	会计、分红、固定资产估价等场景	资产收益和重置成本具有明显差距时,可能导致定价偏差
无套利定价法	资产价格应该使投资者没有套利空间,即资产价格等于复制组合的价格	金融市场等买卖摩擦低且资产具有替代性的场景	当市场中数据资产不能相互替代或复制时,定价结果会有偏差
Shapley定价法	资产价格等于资产对合作收益的边际贡献	以资产收益分配为主的场景	定价时需知道不同合作方式下的收益,容易使计算困难。同时,收益分配不是主要问题时,可能导致定价偏差
Ramsay定价法	资产价格是在允许企业回收成本的条件下,对资源配置影响最小的价格	产品价格偏离市场边际价格的距离与其需求弹性成反比,或产品具有外部性	该方法从社会整体福利出发,在一般市场环境中定价方法的前提假设不成立

资料来源:笔者根据已有文献整理。

市场法对数据资产进行定价时需要明确可交易数据资产的范围,否则会难以预测市场中的数据资产供给量和需求量,从而无法定量分析市场均衡价格。市场法作为所有定价方法的基础,可以对任何资产、在任何场景下进行定价,因此其适用性也是最强的。在具体的模型构建和资产定价问题中，若基于市场法对资产进行定价，我们需要对供需双方的决策动机、资产交易机制和市场环境进行分析，从而得到市场均衡价格。然而，数据资产缺乏一般性的、统一的交易场景，其交易模式多种多样，并且不同数据资产之间难以确认替代关系。这使我们难以估计某类特定的数据资产的需求情况。例如，企业所需要的数据资产可能包含 A 类型的数据资源，但是 B 类型和 C 类型的数据资源在联合使用的情况下可以替代 A 类型的数据资源。那么我们在分析 A 类型数据资源的市场需求时，需要考虑 B 类型和 C 类型数据的供给量和可获得性，并综合 A、B 和 C 类型数据资源价格和替代关系，从而估计 A 类型数据资源的实际需求量。另外，数据资产的易复制性和高流动性使得数据资产的供给量难以准确计量。这使我们在采用市场法对数据资产定价时，需要严格限制交易方式和交易范围，仅能在局部均衡或交易机制非常明确且具体的情况下，对数据资产进行定价，否则将会面临分析或计算困难的问题。

收益法仅能对收益周期较短的数据资产进行定价，而对收益周期较长的数据资产进行定价时可能会产生偏差。数据资产的更新频繁、强技术依赖性和市场场景依赖性定价特征，使数据资产收益易受到技术突破或市场环境变化的冲击，从而难以准确估计长期的数据资产收益。当市场环境突然变化或竞争企业技术发生突破时，数据资产给企业带来的收益将会受到冲击。这种冲击带来的风险是难以预计的。在短期内，冲击发生的可能性低，数据资产的收益可以被准确地评估。此时，收益法可以对数据资产进行较为准确的定价。然而，在长期内，冲击发生的可能性会随着期限的增加而增加，其可能性不能被忽略。此时，对数据资产未来收益或现金流的估计可能存在偏差，收益法将不再适用于数据资产定价。即使如此，在没有其他合适的定价方法时，收益法仍可以为数据资产确定一个具有一定参考价值的价格。

数据资产的市场场景依赖性和协同价值性定价特征使成本法对

数据资产定价可能会出现较大的偏差。成本法定价的理论基础是劳动价值论，是按照资产的现时重置成本扣减其各项损耗来确定资产价格的一种资产定价方法。然而，数据资产的价格不仅受到数据资产成本的影响，还受到其应用场景的影响。一方面，当应用场景的经济性不同时，数据资产在市场中的价格必然存在差异。另一方面，不同的数据资产在整合利用后也会产生新的价值，使数据资产总价格上升。采用数据资源重置成本进行估计将会忽略这部分协同价值。这都使得成本法并不适用于数据资产的定价问题。

无套利定价法在一般情况下无法对数据资产进行定价，仅当市场中存在大量可相互替代的数据资产时，无套利定价法才适用于数据资产的定价问题。简单来说，无套利定价法的思想就是通过不同方式在市场上购买收益相同的资产所支付的价格应该相同。因此，无套利定价法的核心是使用已有资产对被定价资产进行复制，从而确定被定价资产的价格。然而，数据资产之间通常存在一定的差异，难以简单复制。例如，淘宝网和京东都会利用消费者的消费数据为消费者提供消费金融服务并获取收益，但是由于企业技术水平、数据量、消费者群体等各方面的区别，两家企业的数据资产所产生的收益不存在明确的定量关系，双方的数据资产并不能直接替代，也就不能够用淘宝网的数据资产价格来简单地确定京东的数据资产价格。这意味着在一般情况下，无套利定价法不能应用于数据资产的定价问题。在一些特殊场景中，当市场中存在大量可相互替代的数据资产时，无套利定价法可以应用于数据资产的定价问题。例如，在下一节介绍的黄页数据交易中，买卖双方交易的是包含企业或个人公开信息的数据。对于买卖双方而言，不同数据的价值在具体使用前不存在差异，在交易时这些数据之间可以相互替代。因此，在该交易机制下可以运用无套利定价法中的因子模型对数据资产进行定价。

在协同价值性或使用价值外部性是最主要的定价特征时，Shapley 定价法或 Ramsay 定价法适用于数据资产的定价问题，在其他情况下对数据资产的定价会产生偏差。Shapley 定价法的核心思想是对协同价值进行合理的分配。在使用 Shapley 定价法时，我们需要知道所有的整合方式所产生的收益或价值，然后根据 Shapley 定价法，估计参与整合的每个部分所对应的价值。Ramsay 定价法的核心思想是从社会整体福利和公平的角度出发对企业的产品或资产进行定价。Ramsay 定价法主要应用于公共品领域。当外部性是被定价商品或资产的主要属性时，我们才会采用 Ramsay 定价法对商品或资产进行定价。例如，电力公司对电力商品的定价就会采用 Ramsay 定价法。数据资产既具备协同价值性的定价特征，也具备使用价值外部性的定价特征。因此，在协同价值性或使用价值外部性是被定价数据资产的核心定价特征时，我们可以采用 Shapley 定价法或 Ramsay 定价法对数据资产进行定价。例如，对多个数据库整合形成的数据资产估值时，若我们需要分析每个数据库的价格，则需要采用 Shapley 定价法。在一般场景下，这两个定价特征并不是数据资产最重要的定价特征。此时采用 Shapley 定价法或 Ramsay 定价法会导致数据资产定价结果出现明显的偏差。

　　数据资产的定价特征是我们在对数据资产定价时需要重点考虑的因素，这使我们需要结合具体的应用场景选择合适的定价方法，而无法选择一种普适性的资产定价方法对数据资产进行定价。表6-3 总结了常用的资产定价方法在数据资产定价问题中适用的场景以及可能面临的问题。目前的资产定价方法仅针对数据资产的某一个或某几个定价特征，未能全面考虑所有定价特征。同时，由于数据资产的实际交易较少，交易模式尚在迅速变化和改进中，我们难以确定对数据资产价值影响最大的定价特征。这都是目前数据资产定价理论研究的难点。但是，我们可以在具体的交易机制下，确定数据资产最重要的定价特征，从而选择最合适的定价方法。

表6-3 资产定价方法对数据资产的适用性

资产定价方法	适用场景或条件	应用难点
市场法	大部分场景适用	当供需关系难以分析时，市场均衡可能面临分析困难的问题
收益法	数据资产的收益周期较短时适用	数据资产收益周期较长时，其未来收益难以准确估计，可能导致定价偏差
成本法	目前不存在适用场景	数据资产的价格难以用重置成本进行估计
无套利定价法	市场中有大量可相互替代的数据资产时适用	一般采用因子定价模型，但是当市场中数据资产不能相互替代时，定价结果会有偏差
Shapley定价法	在交易场景中，当数据资产的协同价值是最重要的定价特征时适用	当数据资产的协同价值性不是最重要的定价特征时，定价结果会有偏差
Ramsay定价法	在交易场景中，当数据资产的使用价值外部性是最重要的定价特征时适用	当数据资产的使用价值外部性不是最重要的定价特征时，定价结果会有偏差

资料来源：笔者根据已有文献整理。

第二节 数据资产价格的影响因素

只有准确、全面地了解数据资产价格的影响因素，我们才能对数据资产的价格进行准确评估。数据资产价值和数据资产价格是正相关关系，但两者并不等同。从不同经济主体的角度对数据资产价值进行评估时，评估结果可能会有差异，而数据资产价格在交易时是唯一的，因此数据资产价值与价格并不完全对应。这意味着数据资产价格的影响因素不仅包含数据价值的影响因素，还有其他因素。因此，我们需要对数据资产价格的影响因素进行分析，不能完全照搬对数据资产价值影响因素的分析结果。

目前对数据资产价值影响因素的分类方式有很多种，基于研究问题和角度不同，不同研究机构存在一定程度上的差异。例如，中国信息通信研究院①将数据价值评估的维度分为数据成本评估和数据价值评估两大类。同时，国外知名研究机构 Gartner② 将数据资产价值的影响因素分为特性、市场、经济、业务、绩效与成本六个维度。但是，上述分类方式更注重数据资产的使用价值，并包含数据资产的潜在使用价值。由于使用价值更多的是从经济主体的角度进行分析，而交易价格则需要从交易买卖双方各自的角度进行分析，因此上述分类方式并不完全适用于数据资产的定价问题。③ 我们综合参考上述研究，并结合阿里研究院的分类方式④，将数据资产价格的影响因素分为数据资产质量与数据资产应用两类。

一　质量维度

数据资产的质量将严重影响数据资产蕴含的价值，进而影响数据资产价格。质量维度是从数据资产自身的角度出发，根据数据资产所具有的数据和信息质量分析数据资产价格的影响因素。从质量维度考虑，数据资产价格的影响因素主要包括数据资产的完整性、真实性与安全性。

（一）完整性

数据资产的完整性影响数据资产的信息挖掘和价值释放情况，从而影响数据资产价格。数据资产的完整性指数据资产所包含的相关指标和数据的完整程度。例如，数据缺失会使数据资产完整性下降。数据缺失可能是整条数据记录缺失，也可能是数据中某个指标的记录缺失。关键数据缺失或者较多的非关键数据缺失，都会导致

---

①　中国信通院：《数据资产管理实践白皮书（4.0 版）》，2019 年 6 月。

②　Gartner, "Infonomics: The Economics of Information and Principles of Information Asset Management", 2011.

③　我们是分析影响数据资产价格的因素，而不是分析只影响数据资产价格，而不影响价值的因素。所以，虽然数据资产价值影响因素的分类方式并不完全适用于数据资产价格影响因素的分类，但是我们可以借鉴和参考其分类方式。

④　阿里研究院：《数据资产化之路——数据资产的估值与行业实践》，2019 年。

数据资产价值难以完全释放，使数据所有者花费额外的成本寻找替代数据。数据采集范围越广、涉及领域越多、采集准确性越高，数据资产的完整性就越高，其价值也会相对地越大，交易价格也会越高。

示例：表6-4展示了某数据库中的社保缴纳情况统计。社保缴纳情况统计表中"税务登记证号"和"税务登记代码"都出现了大量的空白值，即存在数据缺失的情况。由于部分数据的核心指标记录缺失，这部分数据无法使用和释放价值，从而导致基于该数据库的数据资产价格下降。

表6-4 社保缴纳情况

表中记录数	字段名称	空值数	所占比例（%）
9077332	税务登记证号	32010	0.35
9077332	税务登记代码	120500	1.3

资料来源：新浪网，http：//blog. sina. com. cn/s/blog_ 14589d5980103065v. html.

（二）真实性

数据资产的真实性会影响使用者基于数据资产获得的信息的准确性，从而影响数据资产价格。数据资产的真实性指数据资产中数据的真实程度。如果数据有偏差，或者数据资产所有者故意遗漏和造假数据，那么基于这些数据资产所分析出的信息就可能是错误的。错误信息甚至可能会误导决策，对企业可能造成不可预估的损失。因此，数据资产的真实性下降会使数据资产的价格下降。

示例：表6-5展示了某公司同款货物的两笔外销订单数据。从表中可以看到，同样商品在两笔订单中的单价出现差异，数据的真实性存疑。在此后的应用中，如财务报表编制、成本估计和营销方案制订等，错误数据都可能导致分析结果或决策建议出现偏差，从而导致企业基于这部分数据资源所形成的数据资产价格下降。

表6-5　　　　　　　　某公司同款货物的两笔外销订单

销售订单 编号	订购单位 名称	订单 日期	货物 名称	数量 （个）	单价 （元）	总价 （元）
23254098	Haier US Appliance Solutions, Inc.	2020/3/20	TK0155-000	462.00	14.900	6883.80
1134348- 40	Haier US Appliance Solutions, Inc.	2020/5/15	TK0155-000	48.00	14.990	719.52

资料来源：新浪网，http://blog.sina.com.cn/s/blog_ 14589d5980103065v.html.

（三）安全性

数据资产的安全性影响数据资产价值的稳定性，增加使用者获得数据和维护数据安全的成本，从而影响数据资产价格。数据资产的安全性是指数据资产避免损坏或被窃取的能力。一方面，数据资产避免损坏或被窃取的能力越强，就可以为数据使用者提供越稳定的价值贡献。数据资产被破坏后，数据资产的使用价值会由于数据丢失而下降。因此，数据资产安全性越高，价值越稳定，其价格也越高。另一方面，数据资产被窃取将导致数据收集变得困难，维护数据安全的成本也将上升。例如，数据泄露使数据生产者将数据交由企业保存或使用的意愿降低，企业需要支付更高的成本才能获得数据的使用权。同时，数据资产安全性降低会使数据持有者为维护或提高数据资产的安全性而支付的保护成本增加。因此，数据资产的安全性越低，数据资产的价格越低。下列案例就充分说明了数据资产安全性降低对数据资产价格的负面影响。

【案例：雅虎邮箱泄密导致雅虎价值暴跌】

2013年8月雅虎遭到黑客袭击，导致超过10亿雅虎邮箱用户的个人信息资料被泄露。2016年雅虎再次出现数据泄露事件，超过5亿封邮件泄露。该数据泄露事件影响到Verizon对雅虎的收购意向，甚至市场一度流出Verizon将撤回要约收购的传闻。Verizon 的法律顾问表示，考虑到数据泄露问题，Verizon 完全有可能撤回对雅虎提出的 48.3 亿美元的收购要约。在经历多次谈判后，雅虎将出售价格降低 3.5 亿美元，以弥补其数据泄露引起的损失和该事件可能带来的其他潜在成本。[1]

二　应用维度

应用维度是从应用场景、市场环境等角度出发，根据数据资产价值释放过程分析数据资产价格的影响因素。从应用维度考虑，数据资产价格的影响因素包括数据资产的稀缺性、时效性和场景经济性。

（一）稀缺性

数据资产的稀缺性影响数据资产的相对供需关系，从而影响数据资产的价格。数据资产的稀缺性是指数据资产对应的数据资源的相对稀缺性。在其他因素相同的情况下，稀缺数据资源蕴藏的潜在信息价值更加凸显，其在市场中进行交易时数据供给方的议价能力更强，以其为基础的数据资产会具有更高的价格。下列案例表明数据的稀缺性较高时，其数据资产价格较高。

【案例："Nike +" 产品用户的运动数据】

耐克推出了一款结合跑鞋、腕带和传感器的复合产品，并命名为"Nike +"。当顾客使用该产品并进行运动时，腕带就可以存储并显示用户的运动数据。用户可在耐克社区上传并分享自己的运动数据。基于用户的分享，耐克公司成功建立了全球最大的、活跃用户超过 500 万的运动网上社区。随着穿着该产品进行运动的顾客不断上传自己的跑步路线，耐克公司掌握

---

① 华尔街见闻，https://wallstreetcn.com/node/267411.

了主要城市中最受欢迎的跑步路线。同时耐克公司拿到了这些稀缺数据资产，有助于分析出用户的运动习惯，能够更有效地改进产品、精准投放和精准营销，借此与消费者建立前所未有的牢固关系。

这类数据通常是稀缺的。一般只有少数运动 App 的运营商才可能获得这些数据，而耐克公司通过"Nike +"复合产品获得用户的这些稀缺性数据资产，比其他运动品牌多掌握了用户的运动数据，使其能够更高效、更有效地服务消费者，被耐克公司掌握的运动数据和城市跑步线路数据也由于其稀缺性而体现出更高的价值。[①]

（二）时效性

数据资产的时效性影响数据资产在具体应用场景中的价值释放，从而影响数据资产价格。数据资产的时效性是指数据资产的时间特性和应用场景需求的匹配程度。数据资产的时间特性是指数据资产中数据收集的频率、所记录的数据时间跨度长短等。在不同应用场景下，数据使用者对数据资产的时间特性有不同的需求。例如，消费策略营销的应用场景需要时效性强的实时数据，量化交易场景需要时效性强和更新频率高的交易数据，而企业长期战略决策的应用场景则需要时间跨度长的历史经济数据。通常情况下，实时性应用场景下要求的数据资产时效性较短、数据更新频率高，而预测性应用场景下则要求数据资产的时间跨度长，对数据更新频率相对不敏感。数据资产的时间特性越符合其应用场景的需求，数据资产的价值越高，数据资产的价格也越高。

（三）场景经济性

数据资产的场景经济性影响数据资产在应用场景中所产生的收

---

① 买购网，https：//www.maigoo.com/brand/59224.html.

益，从而影响数据资产的价格。数据资产的场景经济性是指数据资产的应用场景所具有的经济价值。对于应用于不同行业领域或场景的数据资产，其产生的经济收益也会有所不同。数据资产的价值需要与应用场景结合后才能得到充分释放与实现。当数据资产应用的场景具有高经济效益、高成长性、低市场竞争等特征时，数据资产的价格更高。下列案例展示了实时路况数据在不同应用场景下具有不同的经济价值，例如，物流场景的经济效益高于导航场景的经济效益，因此基于实时路况数据形成的数据资产的价格也有所不同。

【案例：实时路况数据在不同场景下的应用】

交管中心通过采集整理浮动车辆的动态数据来播报实时路况。现如今，出租车、长途汽车、物流车等都装有 GPS，通过通信网络，GPS 将车辆所在位置的经纬度、车头方向、速度等信息传递到数据处理中心，让其能快速计算出实时路况数据。再加上人工参与，交管中心可以做到更准确的预报和导航，如122 事故报警的人员通告、当地交通广播台播报的信息等，实现路况实时播报的功能。

这些数据资源在不同的应用场景下所贡献的经济价值不同，如实时路况对于物流公司来说有很大的应用价值。利用实时路况数据，物流公司的货运司机可以了解途经城市主要交通要道及省高速公路的拥堵、缓行、畅通状况以及是否有发生突发事故、施工等信息。在掌握了实时路况后，司机可以选择其他不拥堵的路段行驶，绕路防堵节省了时间、保障了快递品的安全。可见，实时路况数据资产为物流企业贡献了经济价值。但在个人（如出门散步的老人、上下学的学生等）出行场景下，同样的实时路况数据所产生的经济收益低于用于物流公司场景时数据所产生的经济收益。因此，以个人出行场景为基础的数据资产的价格就低于物流公司的数据资产的价格。[①]

第三节　数据资产定价的典型案例

本节将介绍具体交易机制下的数据资产定价典型案例，并分析其中采用的数据资产定价方法和模型。数据资产交易的模式多种多样，本书只选取了其中一部分具有代表性的案例和交易机制，包括黄页数据交易、数据库交易、搜索引擎广告拍卖和协议定价。[②]

一　黄页数据交易

黄页数据交易的主要交易内容是企业或个人的公开数据，一般是买卖双方直接交易数据，其交易机制通常是卖方直接确定交易价格，买方根据自身需求决定是否购买数据，其定价模型一般是按照数据量进行定价，但是具体定价模型和方式也存在细微区别。Mehta等（2019）总结了美国四种不同类型的黄页数据定价机制，分别来自 BookYourData（BYD）、SalesLead（SL）、DirectMail（DM）和 TelephoneLists（TL）四家数据销售企业。

第一种数据定价机制是来自 BYD，该定价机制为数据制定单价，并按照购买量计算总价。BYD 提供不同企业管理层的个人信息，包括姓名、邮箱、职务、国籍等。其定价机制如图 6-1（a）所示，数据购买者申请购买不同数量的数据并支付对应的价格，每条数据的单价呈阶梯型递减，并且有最低数据购买量。数据购买者

---

① 腾讯数码，https://digi.tech.qq.com/a/20121121/001082.html.
② 黄页数据交易是数据资产所有权交易的典型案例。数据库交易是数据资产使用权交易的典型案例。搜索引擎广告拍卖是"数据资产＋服务"交易的典型案例。协议定价则是其他交易的典型案例，包括企业收购等交易类型。

可以对数据提出筛选要求,例如要求特定的地区或邮编区域、职业或行业、数据主体官网后缀等,筛选要求并不会增加数据的单价。

第二种数据定价机制是 SL 公司采用的定价机制,该定价机制是将数据整理为不同类型的数据集,并为数据集制定价格。SL 公司出售的是大型企业中高层管理者以及研究人员的联系数据和个人简历。与 BYD 定价机制不同的是,SL 的数据定价机制是按照数据集整体定价。其数据按照不同领域和不同州或地区被划分成不同数据集,数据购买者只能买对应的数据集整体,不能自主选择数据量,SL 也只会对不同数据集进行定价。

第三种数据定价机制是 DM 公司采用的定价机制,如图 6 - 1 (b) 所示,DM 定价机制在 BYD 模式的基础上对筛选收取额外的费用。DM 提供潜在的客户信息和资料,例如新搬家的人和新的购房者,这部分信息中同时包括客户的生活方式和个人兴趣。DM 定价机制和 BYD 类似,即规定每条数据的单价,并按照数据购买者选择的数据量确定总价。除此之外,DM 提供了不同维度的数据筛选方式,当数据购买者依照某些条件对数据进行筛选时,数据单价将会有对应的上升。例如,数据购买者购买 3000 条数据,其基本单价为 0.049(美元/条),当数据购买者从年龄(Age)和性别(Gender)对数据进行筛选时,其单价变为 $0.049 + 0.0035 + 0 = 0.0525$(美元/条),其中等式左边第二项是年龄筛选所支付的额外单价,第三项是性别筛选所支付的额外单价。此时,DM 将提供符合数据购买者要求的 3000 条数据,并且总价格为 $0.0525 \times 3000 = 157.5$(美元)。若按照 BYD 的定价模式,即筛选不需要支付额外单价,则总价格为 $0.049 \times 3000 = 147$(美元),二者差值 10.5 美元,即为数据购买者实际支付的筛选费用。

第四种数据定价机制是 TL 公司采用的定价机制,该定价机制是以数据集为基础的黄页定价机制。TL 提供美国和加拿大消费者和企业的电话数据,并且包含个人特征、雇员数量、营业额等各方面的数据。TL 提供的数据中最为独特的是 "Do – not – call" 指

标，该

数据量（条）	总价（美元）
250—500	79.00—129.00
500—1000	129.00—239.00
1000—2500	239.00—399.00
2500—5000	399.00—659.00
5000—10000	659.00—1099.00
10000—25000	1099.00—2199.00
25000—50000	2199.00—3299.00
50000—100000	3299.00—5499.00

（a）BookYourData

数据量（条）	数据单价（美元/条）
1—5000	0.049
5001—10000	0.045
10001—20000	0.039
20000+	0.034
数据筛选条件	数据单价（美元/条）
年龄	0.0035
户型	免费
房屋当前估值	0.0005
收入估计	0.0002
性别	免费
房主状况	0.0004

（b）DirectMail

图6-1　黄页数据资产交易案例

资料来源：Mehta 等（2019）.

指标可以帮助电话推销员避免打给那些不受欢迎的企业或消费者。TL 的数据按照邮编或州进行分类，不提供其他分类或筛选指标。数据购买者并不能选择数据量，而只能按照邮编或州进行购买，每个州或邮编区域的价格相同。这相当于把每个州或邮编区域的数据集作为一"条"数据，然后采用黄页定价的方式对数据进行定价。

黄页数据交易最典型的特征就是数据按每条或每组定价，买方自主决定是否购买，且买卖双方交易的是数据的所有权。这类交易方式和定价方式不用单独谈判，适合大规模的数据交易。但是，该交易模式中数据出售方在数据交易后缺乏对数据后续使用的控制手段，因此其交易通常是一次性的。如果数据购买方需要持续性地更新自身数据，则需要再次购买数据。

黄页数据交易可以采用市场法或无套利定价法对数据资产进行定价。在黄页数据交易的定价过程中，买方根据自身需求、数据价值和交易价格决定是否购买对应数据，而卖方通过决定数据价格来尽可能地最大化自身收益。因此，我们可以采用市场法对数据资产价格进行分析。同时，被交易的数据资产对于买方的真实价值需要在具体使用后才能确定，在使用前，买方对数据资产价值的估计值只能通过其特征确定。因此，当两条数据具有相同的特征时，其交易价格也应该相同。这个特点使我们可以采用无套利定价中的因子定价模型对数据资产进行定价。例如，BYD 和 DM 就可以视为采用了因子定价的定价机制。

黄页数据交易机制中交易的数据资产一般是基于公开信息整理得到的数据资源，但该交易机制可以扩展到涉及个人隐私的数据资产交易。此时，我们需要将个人隐私因素纳入定价模型中。彭慧波和周亚建（2019）在因子定价模型中考虑了个人隐私对数据资产价值的影响。他们根据信息量和隐私级别，构造了衡量某一数据在整个数据集中的隐私占比指标。该指标数值越高，意味着该数据包含更多或更重要的个人隐私。同时，参考 Hirsch 指数和引用指数（Shen 等，2016），他们构造了 R 指数。R 指数越高，意味着数据在数据库中越重要，其使用价值越大。最后，他们将隐私占比指标和 R 指数作为数据资产定价的两个因子对数据资产进行定价。

二 数据库交易

数据库交易模式是指数据出售方并不单独出售数据，而是出售数据库使用权的一种数据资产交易模式。在一些情况下，数据购买方需要持续更新数据以维持数据资产的使用价值，这要求数据交易不能是一次性的。基于该需求，数据资产交易发展出了数据库交易模式。在实际的数据资产交易中，数据库交易模式应用广泛。在该模式下，买卖双方交易的不是数据库中所有数据的所有权，而是使用权以及后续的数据更新服务。因此，数据出售方在交易后会继续对数据库进行维护和更新数据，而数据购买方不能够对数据进行二次销售。我们根据数据库交易是否差异化定价以及是否能够下载数据将定价机制分为三种。

第一种数据定价机制是中国知网采用的定价机制，该定价机制类似于会员制，要求购买方购买整体数据库的使用权限。中国知网收录了大量的、相对全面的国内各学科的期刊论文、会议论文和学位论文，甚至包含报纸、报告等。当研究者需要使用知网查询和下载对应的论文时，存在两种交易方式。第一种交易方式是单独购买某一篇指定的论文，第二种交易方式则是购买知网的使用权限，然后再搜索需要的论文进行下载。其中，第二种交易方式是中国知网的主要交易方式，也是典型的数据库交易模式。在该模式中，一般是由一个学校或研究院整体购买，然后授权给教师和学生使用。学校购买一段时间内整个知网数据库的使用权，而不是具体的某一篇或一系列论文，同时知网也需要保证后续数据库的更新和维护。这类似于学校成为知网的"会员"，并拥有下载论文的"会员特权"。与第一种交易方式相比，购买数据库使用权需要一次性支付较高的费用，但是由于下载的论文数量高，因此每篇论文的价格更低。在本章导读案例中，Datacy 向企业收取订阅费的定价机制也是这种定价机制。

第二种数据定价机制是部分金融数据库采用的定价机制，如 Bloomberg、Wind 和 WRDS 等金融数据库，该定价机制采取差异化定价。这类金融数据库交易的定价机制不仅仅对数据库访问权限和数据下载权限进行定价，还会基于数据库的经济价值进行差异化定价。例如 WRDS 中，美国股市和衍生品市场的数据分为两个数据库，其中一个数据库购买了会员权限即可使用，而另一个数据库则需要单独购买使用权限。在实践中，数据库的会员权限一般不会对个人出售，也不会单独出售单次查询和下载数据的权限，而是对科研机构、投资机构等集体机构出售，并对购买机构提供一定数量的账号和权限使用次数。这样可以方便在数据泄露或违反合同后进行追踪和追责，同时也方便利用 IP 地址、特定邮箱等方式进行使用权限的管理。部分数据库管理方也会对个人出售使用权限，但是需要提供一定的个人信息，并由数据库管理方进行审核，待通过后才会向个人出售有一定使用限制的权限。

第三种数据定价机制是阿里数据或百度采用的定价机制，该定价机制类似于会员制。随着联邦学习、云计算或 API 等新技术的发展，数据购买者可以在无法下载数据的情况下利用数据训练模型，并得到实时的统计信息或模型预测结果，从而为决策提供建议。部分数据库或平台基于新技术出售自身数据的使用权限，并对使用权限进行定价。与第一种定价机制相比，该定价机制虽然仍旧是类似于会员制，但是有两个重要的差异。第一，在该情况下，数据购买者可以利用数据并挖掘数据价值，同时数据所有者不用担心数据隐私、数据泄露和数据二次交易等问题。第二，由于数据并不能被下载，因此数据购买方在权限过期后将不能继续使用数据，必须要再次购买数据使用权限。这两个问题使该机制下能够交易的数据资产范围比第一种机制更大，会员权限的价格也更低。

数据库交易可以采用市场法对数据资产进行定价，或者综合采用收益法和 Shapley 定价法进行定价。在数据库交易中，卖方根据市场需求、数据质量和数据收集成本等因素，设定会员或权限的价格，使自身收益最大化。而买方则是根据数据资产的使用价值和会员价格，决定是否购买使用权限。因此，在能够分析买卖双方的供需决策的情况下，我们可以采用市场法对数据库交易的数据资产进行定价。左文进和刘丽君（2019）则提供了一种综合采用收益法和 Shapley 定价法的数据资产定价模型。他们对比了市场法、成本法和收益法，认为市场法在数据库交易机制下会面临定价困难的问题，而成本法将会明显低估数据资产价格。在采用收益法估计总数据库的价格后，他们采用了 Shapley 定价法估计了每个子数据库的数据资产价格。由于子数据库在整合后具有增值效应，相比于仅采用收益法或成本法，Shapley 定价法计算得到的子数据库的数据资产价格明显更高。

三　搜索引擎广告拍卖

搜索引擎广告拍卖的主要交易内容是搜索引擎的广告位，其价格包含广告投放渠道使用权和数据资产使用权的价值，交易机制类似于传统拍卖，但是略有不同。谷歌和百度等搜索引擎的广告位对企业而言具有营销价值。当使用者在搜索某一词汇时，搜索引擎会根据该词汇提供关联的搜索结果，同时，搜索的词汇也会部分反映使用者的个人偏好，这为大数据营销奠定了基础。例如，使用者在搜索引擎上搜索"汽车"一词，就会被推荐不同型号的汽车或一些汽车配件的广告。虽然搜索引擎广告拍卖最重要的是广告位的拍卖，但搜索引擎基于搜索数据资源所形成的大数据营销能力是拍卖的核心。因此，搜索引擎广告拍卖的价格中有很大一部分是数据资产使用权的价值，剩余一部分是其广告营销服务的价值。

为便于读者理解，我们简单介绍一下搜索引擎广告的交易机制。一家企业要参加谷歌的广告竞价，需要确定自己参加竞拍的关键词。例如，汽车企业需要确定"汽车"作为关键词，并参加这个关键词的竞拍。没有参加关键词"汽车"竞拍的广告则是无法出现在与"汽车"相关的搜索页面上的。因此，一个企业可能会参加多个关键词的竞拍。同时，不是每个关键词都会被竞拍。例如，"地球"这类关键词就不适合作为营销关键词。

在企业决定关键词并开始竞拍时，搜索引擎采用了 Generalized Second – Price 拍卖（以下简称为 GSP）。我们简单描述一下拍卖是如何进行的，以及 GSP 如何确定广告位的价格。在最简单的 GSP 拍卖中，广告投放商需要对广告位进行报价。假设存在企业 A、企业 B、企业 C 和企业 D，这些企业均为某一个关键词进行报价，分别为 a、b、c 和 d。不妨假设 a 最大，b、c 和 d 依次下降。那么企业 A 的广告就出现在最好的位置上，一般是页面的最上方，即第一个广告位。如果一个使用者点击了企业 A 的广告，则企业 A 需要向搜索引擎公司支付的价格为 b，即下一个企业的报价，而不是企业 A 的报价 a。类似的，企业 B 需要向搜索引擎公司支付的价格为 c。这一点 GSP 拍卖和二阶价格拍卖类似，即买家并不需要支付自己的报价，而是支付下一家的报价。这种机制能够有效地促使企业按照广告的实际价值进行报价，避免出现赢者诅咒这类现象。我们根据企业报价的类型不同，将 GSP 定价机制分为三种。

第一种定价机制是 Pay‐per‐Click 模式，即企业为广告每次点击支付费用。在这类营销的定价和交易机制中，营销广告投放商和平台并不能够直观地观察到广告的作用。从广告投放商的角度来看，企业在意的是吸引一个消费者所需要支付的费用，即平均获客成本。而对于平台或搜索引擎而言，在意的是投放一次广告所获得的收入。由于企业和搜索引擎公司对广告效益的评价标准不同，双方需要选择一个客观可计量的方式为报价提供指标。谷歌等企业采用的是 Pay‐per‐Click 模式，即企业为每次广告点击付费，其拍卖时的报价也是每次点击付费的单价。该模式的优势在于可以减少不同广告位之间的差异性，GSP 拍卖更容易出现均衡。

第二种定价机制是 Pay‐per‐Sale 模式，即每当有一位用户转化为消费者后，企业才向搜索引擎公司支付约定的费用。若用户仅是点击广告，但是未能转化为消费者，则企业不支付费用。该模式和 Pay‐per‐Click 模式相比，优势在于企业能够确定吸引一个消费者所需要支付的费用，而劣势在于搜索引擎公司或平台难以确认用户是否转化为消费者。因此，由于电子购物平台可以准确识别用户是否转化为消费者，该模式通常被亚马逊等电子购物平台所采用。

第三种定价机制是 Pay‐per‐Impression 模式，即只要广告被投放一次，企业就需要支付费用。在该定价机制下，搜索引擎和平台能准确预计应该收取的广告费用，但是企业却难以评估广告的效果。因此，在企业投放广告是为了传播品牌而非直接转化消费者时，搜索引擎和平台会采用该定价机制。

GSP 定价模型是基于市场法，充分结合数据资产市场依赖特征和交易机制特征得到的数据资产定价模型。Yunmez（2014）详细分析了 GSP 定价模型和经典拍卖模型的差异，并证明了在一般情况下，企业的最后获益是相同的。虽然 GSP 定价模型是在拍卖模型上发展得到的，但是 GSP 和经典拍卖模型的差异在于 GSP 在同一次拍卖中具有多个价值不同的拍卖物。因此，GSP 模型中的市场均衡和资产价格与经典拍卖模型的对应结果具有一定差异。Edelman 和 Ostrovsky（2007）证明在 GSP 具有有效的市场均衡时，GSP 和经典拍卖机制的结果相同，但是在一般情况下，GSP 不一定存在有效市场均衡。Edelman 等（2007）和 Hafalir 等（2012）则分析了在底价和存在预算约束对 GSP 定价的影响。

四 协议交易模式

协议交易模式是指买卖双方通过谈判，对数据资产价格达成一致并完成交易的一种数据资产交易模式。协议交易模式存在两类定价机制，一种是以企业并购等为主要交易方式的定价机制，另一种则是以中介为依托的数据资产定价机制。两种定价机制虽然略有差异，但其数据资产定价的本质都是买卖双方进行谈判，并对数据资产的交易价格达成一致。

第一种定价机制是以数据资产收购为主要交易方式的定价机制，此时，数据资产的价格不仅是其本身的使用价值，还受到其他因素的影响。例如，在并购案例中，数据资产的所有方一般是互联网企业，也可能是具备大量数据和数据收集渠道的企业。收购方通过收购企业来获得其数据资产，同时也获得其数据收集渠道。在交易中，收购方不仅考虑被收购数据资产的使用价值，还会考虑其他因素，包括收购该数据资产后对行业数据垄断、行业生态等方面的外部性影响，以及和收购方现有数据资产的协同影响。因此，在收购案例中，数据资产的交易价格还包括其外部性价值和协同价值。

第二种定价机制是以中介为依托的定价机制，该机制中存在第三方撮合交易，并提供数据安全、数据加工等第三方服务，因此交易双方需要向第三方支付一定的服务费用。从 2014 年的贵阳大数据交易所成立开始，我国各个地方开始逐步建立自己的大数据交易所。大数据交易所是第三方平台，大部分交易所并不具备自己的数据库和数据收集渠道。在交易时，大数据交易所提供一些相关服务，包括数据清洗、数据加工、数据分析和数据可视化等。买卖双方在平台的撮合下达成交易。部分平台需要买卖双方具备一定的资质，或达到会员准入门槛等。这些因素和现行机制使得在大数据交易所交易的数据资产是个性化的，每一笔交易的情况和价格也各不相同。另外，数据确权和数据安全等问题限制了数据交易所的发展。大数据交易所作为第三方平台需要保证卖方的数据安全和所交易数据资产的质量。由于当前手续费用较低，大数据交易所的发展陷入停滞。2021 年 3 月底成立的北京国际大数据交易，尝试采用联邦学习等新技术，在保证数据安全的情况下，为数据流通和交易提供技术支持，可能为该模式提供一条新的发展道路。

在协议交易模式中，买卖双方基于谈判和博弈决定数据资产的价格。总体上我们可以采用市场法和博弈论对数据资产进行定价，但是在具体问题中需要结合数据资产对买卖双方的影响，分析数据资产对双方的价值，再对数据资产进行定价。因此，协议交易模式中的定价模型更突出不同数据资产各自的特征，而非数据资产整体的特征，其定价模型也不具备通用性。在一般情况下，交易双方更多采用收益法对数据资产进行定价和估值，也有在考虑数据隐私等因素时采用市场法对数据资产进行定价。当从第三方或市场角度对协议交易中的数据资产进行定价时，我们一般采用市场法和博弈论结合，考虑双方的谈判能力，对数据资产进行定价。但是，当考虑数据资产的某些定价特征时，例如，使用价值外部性或协同价值性，我们基于收益法或市场法对数据资产定价会产生偏差。此时，我们应当考虑 Ramsay 定价法或 Shapley 定价法。

第四节　数据资产定价发展的讨论和展望

本节将对数据资产定价的发展进行简要的讨论，并提出展望。

首先，本节将对前文内容进行小结，并阐述目前对数据资产定价时必须明确具体交易机制的原因。其次，本节将对数据资产定价的发展方向进行展望，认为构建针对数据资产的定价方法才能最终解决数据资产定价问题。最后，本节将讨论构建针对数据资产的定价方法面临的困难。

根据前文，我们知道在不同的交易机制下，数据资产的定价机制明显不同，需要重点考虑和分析的定价特征也不同。例如，在黄页数据交易的模式中，卖方拥有大量数据且一次只会出售其中一部分数据，而买方虽然能够对数据进行筛选，但是多次购买的数据可能存在重复，因此无法通过多次购买后进行二次出售。故而，在黄页数据交易模式中，卖方并不在意数据资产的易复制性。而黄页数据交易的数据通常更新频率较低，且时效性不强，因此买方也不在意数据资产的数据更新频率和时效性。同时，黄页数据交易模式中，买方购买数据后的使用方式并没有被限定，故而我们可以不用考虑数据资产的市场场景依赖和强技术依赖性。最后，前文分析指出，黄页数据交易模式突出了数据资产之间的相互替代关系。因此，在该模式中，我们可以采用无套利定价法中的因子定价模型对数据资产进行定价。

在现阶段，我们需要基于具体的交易机制，才能对数据资产进行定价。这主要是因为交易机制限制或突出了数据资产的某些定价特征，使我们在具体定价时可以忽略部分不重要的定价特征。此时，在该交易机制下，我们可以找到适用于数据资产定价的定价方法，并对数据资产进行定价。因此，在已知交易机制的情况下，我们需要针对交易机制具体分析，判断定价特征是否是影响数据资产价格的重要因素，从而选择合适的定价方法，并建立合适的定价模型。而在缺乏具体交易机制的情况下，我们必须要同时考虑所有的数据资产的定价特征，这会使我们难以选择合适的定价方法，甚至可能没有合适的定价方法可以使用。

因此，我们认为，在现有的资产定价理论的基础上，针对数据

资产提出新的定价方法是未来数据资产定价理论的发展方向。只有
具备针对数据资产的定价方法，才能在不同交易机制下对数据资产
采用同一方法进行定价。这使我们不仅可以为正在交易的数据资产
进行定价，还可以对未交易的数据资产进行估值，并允许政府从数
据资产的价格中提取出市场相关的信息。例如，当资本市场中资产
价格变化时，政府可能从价格变化中分析出当前市场的流动性、经
济预期等信息，从而为宏观调控提供依据。因此，构建针对数据资
产的定价方法，才能真正解决数据资产定价的问题，并为大规模数
据资产交易、数据资产市场的宏观调控提供理论指导和依据。

　　但是，构建针对数据资产的定价方法面临诸多困难。从理论的
角度看，目前对数据资产定价的理论研究很少，缺乏成熟的研究体
系和分析框架，构建针对数据资产的定价方法面临理论困难。这主
要有两方面的原因。一方面，数据资产交易模式在不断变化。黄页
数据交易、数据库交易等交易模式在 20 世纪就已经发展得相对成
熟，而近年随着计算机技术的发展，API 访问授权、联邦学习等基
于数据保护技术的交易模式开始兴起。不同的交易模式会直接影响
定价模型的选择、使用和有效性。由于大部分的数据资产交易适用
的定价方式是市场法，且该定价方法受到交易机制的影响，因此在
主流数据交易模式尚未规范和确定的情况下，研究针对数据资产的
定价方法就更为困难。另一方面，数据资产交易仍旧存在诸多问
题，这些问题又极大地影响了数据资产定价问题。例如，数据确权
问题、数据安全问题、数据要素管理问题和所有权问题等，部分问
题我们在本书的前面章节有所讨论。这些问题影响了数据资产交易
的范围和内容，例如数据确权和数据安全问题导致数据销售方只能
出售数据使用权，而限制其出售数据所有权，这会影响到数据资产
定价。

　　从实践的角度看，数据资产的定价特征和数据资产管理、个人
隐私保护等问题综合影响政府监管政策、交易机制设计和宏观经济
政策，使得针对数据资产的定价方法可能和现有定价方法有明显不

同，需要进一步实践探索。例如，数据安全问题中的个人隐私问题与数据资产的易复制性相互影响，对数据资产交易和数据资产定价都产生了重要的影响，也成为当前数据资产定价研究中最重要和最常见的考虑因素之一。数据资产的外部性和数据要素管理与所有权问题结合，引发了社会和学术界对数据要素垄断、数据滥用、价格歧视等问题的担忧和讨论。我国政府也逐渐开始注意到数据要素的社会影响和对分配的影响，并在立法和行政管理等方面采取了一定的行动。这些变化都影响了数据资产的交易方式和使用效率，从而影响数据资产价值，进而改变数据资产价格，也是目前数据资产定价研究中的难点。因此，针对数据资产的定价方法必然需要考虑主要的数据资产定价特征，能够分析影响数据资产收益的因素，包括市场环境、数据质量、数据应用范围、数据维度、数据成本、数据获取难度等。这些因素在不同的交易机制下，对于数据资产交易双方的影响是不同的，从而导致数据资产定价模型不同。而不同因素对数据资产价格的影响仍待研究，缺乏统一的共识和分析框架，导致难以从实践中总结出针对数据资产的定价方法应具有的特征和性质。

即便如此，我们知道数据资产定价的理论框架仍旧需要满足一些基本原则。首先，最主要的原则是价格同一律，即在交易内容相同的情况下，同一数据资产的价格在不同交易模式下应该一致。如果该数据资产在不同交易模式下价格不同，那么购买者只会选择价格最低的交易模式进行交易。其次，需要注意的是，数据资产的价格不仅仅受到数据资产本身使用价值的影响，还应受到维护成本、法律成本、潜在使用价值和整合价值等方面的影响。因此，即使对于同一数据资产，不同交易模式可能交易的权利有所不同。例如，黄页数据交易模式就是交易所有权，而数据库交易模式则是交易使用权。同时，数据资产定价不仅仅要考虑数据资产的直接价值，还应该考虑数据的潜在价值和影响。最后，数据资产定价还需要考虑数据分析、处理等相关服务的价值。例如，在协议定价模式的中介定价机制中，数据资产的交易价格就包含了第三方服务的价值。

　　基于上述分析，我们认为，要研究数据资产定价，需要在目前实践的基础上，对数据资产的价值依照其不同影响和使用方式进行分割，针对具体应用场景分析其具体价值。然后在此基础上，归纳总结，构建统一的理论分析框架，将不同价值综合考虑，从而给出具有一般性的、针对数据资产特征的定价方法。根据当前的研究现状和我国数据资产交易发展情况，我们认为当前的研究重点更多的应该是数据确权和数据交易机制的影响和作用。在明确数据确权和交易机制的情况下，再对数据资产定价进行更深入的研究。

本章阅读导图

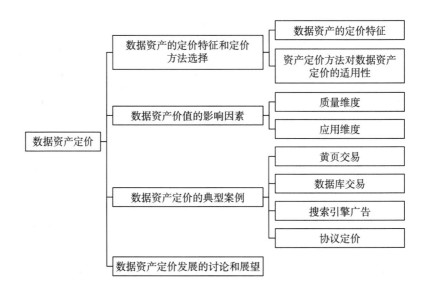

第七章　数据资产管理

数字经济时代，数据已成为具有战略价值的资产。数据资产管理能提高数据资产的利用效率，释放数据资产的潜在价值，未来将是企业、政府和其他机构不可或缺的部分。本章将详细介绍数据资产管理，包括数据资产管理概述、数据资产管理体系和数据资产管理实践三个部分的内容。第一节对数据资产管理进行概述，在定义数据资产管理的基础上，介绍数据资产管理的发展历程与现状，剖析数据资产管理的价值。第二节介绍数据资产管理体系，在回溯数据管理体系理论的基础上，介绍现有的数据资产管理体系及其构成。第三节阐述数据资产管理实践，介绍数据资产管理的实践路径与相关案例，并指出当前数据资产管理的实践难点及相关建议。

【导读案例：南方电网的数据资产管理】

南方电网覆盖广东、广西、云南、贵州和海南五省区，并与中国香港、澳门以及东南亚地区的电网相连，供电面积达100万平方千米，供电人口达2.54亿人。南方电网拥有丰富的数据资产，数据规模已达到PB级别，其中包括定期更新的用电数据和实时产生的数据。

南方电网对数据的管理历经多个阶段。"十二五"时期，南方电网建设了一体化、现代化的企业级信息平台，并通过主数据①的内部共享，形成了各部门间的业务协同，基本实现数据资源管理。"十三五"时期，南方电网从数据资源管理阶段过渡到数据资产管理阶段，明确提出了要促进大数据和公司主营业务融合发展，实现全公司、全领域和全业务的"三全"覆盖与融合化、实时化的"两化"升级，为公司的数字化转型提供了数据保障。

南方电网在数据资产管理上开展了以下工作：一是构建了以支撑公司战略为目标、以数据治理与数据运营为驱动、以组织架构和技术体系为支撑的数据资产管理架构体系；二是出台了《南方电网数据资产管理办法》及若干指导意见和数据标准，让数据资产管理有章可循；三是开展了全网管理信息系统的元数据梳理专项活动，打造了公司级数据资产目录；四是建设了数据资产管理平台，为数据资产目录、元数据管理及其他数据资产管理工作提供技术支撑。

总的来说，南方电网的数据资产管理思路是从顶层设计出发，以价值为导向，夯实高质量的数据资产基础，推动数据资产的应用，使数据资产看得见、管得住、用得着。未来，南方电网公司的数据资产管理将进一步巩固已有数据资产管理的成果，创新数据资产管理模式，并努力打造数据资产管理合作共赢的生态圈。②

【案例探讨】

思考：南方电网围绕数据资产管理开展了哪些工作？请简要概述。

---

① 主数据是有关业务实体的数据，下文会详细介绍。

② 安全内参，https://www.secrss.com/articles/7710.

第一节 数据资产管理概述

近年来,数据逐渐成为经济主体的基础性战略资源和核心驱动力。经济主体若想实现数据赋能,就必须完成从数据管理到数据资产管理的转变。本节将对数据资产管理进行概述,在阐述数据资产管理定义的基础上,介绍数据资产管理的发展历程与现状,剖析数据资产管理的价值。

一 数据资产管理的定义

最初,数据的管理主要是通过计算机技术对数据进行收集、处理与存储,例如数据库管理。随着数字经济时代的到来,经济主体拥有的数据量增多,数据的地位发生转变,数据的管理观也得到进一步深化与发展。此时,管理主体不再将数据视为日常经营的副产品,而是将其视为"同货币或者黄金"一样重要的新型资产(李谦等,2014)。管理主体开始重视数据资产的成本收益、保值增值与配置使用等环节,注重数据资产的价值变现与价值释放。数据的管理也迎来了全新的阶段——数据资产管理。

数据资产管理既是管理数据的过程,也是管理资产的过程。从管理层面看,数据资产管理可以被定义为一组管理职能[①]。数据资产管理是规划、供给和控制数据资产的一组业务职能,包括研究、设计、执行和监督数据资产开发与利用的方案、规范与流程(朱磊,2016;胡琳,2019)。通过上述管理活动,数据资产能够得到有效管理、治理与使用。从资产层面看,数据资产管理是数据资产化的具体体现。数据资产管理需要管理主体将数据视为一种同实物资产、知识资产和人才资产一样能为组织创造价值的全新资产形态

---

① 管理职能是根据管理过程的内在逻辑,将管理过程划分为几个独立部分。管理职能也被视为管理过程中各项行为的概括。

来管理（宿晓丹等，2018），并将数据资产的成本收益、保值增值、配置使用、评估处置等层面都纳入管理考虑范畴（高伟，2016），从而提高数据资产带来的经济效益和社会效益。针对数据资产，管理主体需要以资产管理的标准和要求制定数据资产的管理体制与管理措施（胡昱等，2017）。

由此可见，数据资产管理作为一种全新的管理观，既承载了数据资产的管理职能，也发展出数据资产化的理念。本章在借鉴与吸收上述两种观点的基础上，将数据资产管理定义为：管理主体对所拥有或控制的数据资产进行有效地计划、组织、协调和控制的过程，从而保证数据资产的有效治理、合理配置与充分利用，以提升数据资产的价值。

二 数据资产管理的发展历程与现状

在数据资产管理的概念被提出之前，人们对数据的管理更多停留在数据库管理和数据仓库管理的层面。随着数据管理的复杂化、数据应用的频繁化和管理技术的智能化，经济主体开始考虑使用全新模式来管理数据，即数据资产管理。本小节将介绍数据资产管理的发展历程与现状。

（一）数据资产管理的发展历程

在数据资产管理观念产生之前，我国在数据的管理上经历了数据管理阶段与数据治理阶段。我国数据管理阶段介于 2000 年和 2010 年之间，此阶段数据大多为结构化数据，且管理主体拥有或控制的数据规模较小，因而数据的管理主要是通过数据库、数据仓库等途径实施的汇总管理。我国数据治理阶段介于 2010 年和 2015 年之间，此阶段数据规模持续扩大，管理主体在数据库的基础上，利用信息系统来管理数据。数据治理阶段主要是围绕数据的标准、质量和安全等方面的管理。例如，2011 年 6 月颁布的《中国银行业信息科技"十二五"发展规划监管指导意见》明确要求银行建立数据治理机制，推进数据标准化和质量建设。

我国数据资产管理阶段始于 2015 年①,管理重点转向"如何让数据资产释放更多价值"。数据资产管理是原有数据管理模式的迭代与发展,是经济主体管理数据的发展趋势。数据资产管理不仅包括以提高数据资产质量与适用性为目标的数据资产管控环节,还包括以数据资产价值释放为目标的数据资产运营环节。例如,中国电信和中国联通都成立了专门的数据对外服务公司,通过开放数据平台和提供数据产品来服务外部企业。②

总的来说,数据管理观经历了从"管理治理数据"到"数据价值变现"的逻辑延伸。类似于数字化转型,我国正处于数据资源管理到数据资产管理的转变初期,仅有少数政府部门、企业和其他机构已实施数据资产管理,绝大多数的经济主体依旧按照原有的思维模式来管理数据资产,尚未完成数据资产的管理转型。

(二) 数据资产管理的现状

如同数字化转型,数据资产管理不是锦上添花的可选之路,而是把握未来优势的生存之路。因此,管理主体虽然面临来自管理技术、管理成本与管理模式等方面的挑战,但仍十分重视数据资产管理,积极探索数据资产管理的最佳实践模式。本小节将对我国数据资产管理的现状进行简要剖析。

在管理对象上,数据格式趋于复杂,数据规模持续增大。一方面,管理主体面对的数据不仅包括传统的结构化数据,还包括非结构化数据和半结构化数据,例如文本数据、视频数据等。而且,半结构化与非结构化数据在全体数据中的占比日益增大。另一方面,管理主体需要管理的数据从原来的 GB 级升级到 TB 级、PB 级甚至是 EB 级③,数据规模持续增大。例如,阿里巴巴早在 2019 年的数据处理量已达到 EB 级。

---

① 2015 年,国内首届数据资产管理峰会 (Data Asset Management Summit, DAMS) 在上海举办,成为国内数据资产管理研讨的关键性开端。

② 艾瑞网,http://column.iresearch.cn/b/201912/880031.shtml.

③ 1EB = 1024PB,1PB = 1024TB,1TB = 1024GB。

在管理技术上，数据资产管理趋于自动化与智能化。管理主体开始运用机器学习、深度学习等人工智能技术来管理数据资产。在元数据管理上，管理主体可以通过人工智能技术来自动提取元数据，并将不同元数据进行关联分析。在数据模型构建上，管理主体通过机器学习技术来识别数据特征，进行数据主题分类，自动构建数据模型。在数据质量检测上，管理主体利用人工智能学习数据质量知识库，依据数据质量评估与稽查规则，辨别数据质量，识别问题数据，实现数据质量的全流程管理。

在管理意识上，管理主体对数据资产管理的重视程度持续加深。数据兼具基础性战略资源与关键性生产要素双重身份，对管理主体的长期发展具有非同寻常的意义。因此，管理主体高度重视数据资产管理，对数据资产管理的需求日趋强烈。根据《工业企业数据资产管理现状调查报告（2018）》，参与调查的企业中有98.6%的企业认为数据资产的管理工作值得投入，有87.8%的企业已经开始投入或者规划数据资产管理相关工作，有55.4%的企业已经设立了专职机构来管理数据资产。①

在管理实践上，各行各业的数据资产管理实践呈现多元化态势。由于管理目标、管理水平、企业文化等方面差异，数据资产管理实践存在异质性。例如，金融行业普遍采用自上而下的"管理制度先行"的策略，先针对性地建立数据资产管理的相关部门和制度规范，再逐步部署数据资产管理工作。而互联网企业则采用自下而上的"实践探索先行"的策略，普遍通过构建信息系统、数据平台、数据中台与搭建云服务等方式入手，在平台内部嵌入相关规范。总体上，各行各业都在积极探索数据资产管理的最佳实践模式。

三 数据资产管理的价值

数据资产作为一种新型资产，能为企业、政府和其他机构带来经济效益和社会效益。然而，采集后未经管理的数据资产就如同开

---

① 中国信通院，http：//www.caict.ac.cn/kxyj/qwfb/ztbg/201812/t20181214_ 190698.htm.

采后未经加工的石油，不仅价值难以得到释放，而且还会增加存储等额外成本。数据资产管理则是搭载起"数据原料"和"数据应用"间的桥梁，通过对数据资产的管理治理使其成为有用的资产，通过对数据资产的应用流通使其成为高价值的资产。本小节将从数据视角和资产视角分别分析数据资产管理的价值。

从数据视角来看，数据资产管理的价值主要体现在：①数据资产管理能改善数据资产质量。管理主体通过建立数据资产质量标准，持续监督数据资产质量，及时纠正不符合质量标准的数据，从而改善数据资产质量。②数据资产管理能保障数据资产安全。管理主体按照国家相关法案和监督要求，建立并推行数据资产安全管理制度，全方位管控数据资产，保障数据资产的安全。③数据资产管理能促进数据资产流通。管理主体通过统一数据标准、完善数据资产流通制度与建立数据资产流通平台等途径，最终推动数据资产的流通。④数据资产管理能提升数据资产利用率。管理主体通过数据资产管理平台建设和数据资产应用创新等途径来降低数据资产使用难度、提升数据资产复用率和拓展数据资产应用场景，从而提升数据资产的利用率。

从资产视角分析，数据资产管理的价值主要体现在：①数据资产管理是对数据资产的系统性和整体性的管理。系统论强调系统的整体观念（魏宏森，1983），数据资产管理需要管理主体将管理过程涉及的数据、人员、资金和技术视作有机整体进行管理，最终实现"整体大于部分之和"的目的。相较于各部分互不相关、彼此分隔的管理模式，数据资产管理更加有效，管理成本更低，管理成效更加持久。②数据资产管理能实现数据资产的价值变现。资产流通是资产价值变现和资产配置优化的重要途径。数据资产管理强调数据资产的流通管理，通过连通各系统、各部门的数据资产，对内形成业务协同，对外提供数据产品与服务，实现数据资产的价值变现。同时，数据资产管理还强调数据资产的运营管理，通过管理数据资产的成本收益、保值增值和配置使用，提升数据资产的价值。

③数据资产管理能够降低管理成本。按照资产全生命周期管理的理论，数据资产管理是对数据资产的规划、收集、处理、使用、维护、报废等过程的管理。数据资产管理能减少数据资产的维护成本、延长数据资产的使用寿命，从而提升数据资产的利用率和回报率。

第二节　数据资产管理体系

　　科学有效的管理离不开完善的管理体系。数据资产管理体系能为管理实践提供清晰的路线图，有利于管理主体部署相关的管理工作。本节将介绍数据资产管理体系。首先，简述数据资产管理体系的前身——数据管理体系；其次，探讨数据资产管理体系的相关研究；最后，重点介绍数据资产管理体系的构成部分。

一　数据管理体系

　　数据资产管理是数据管理的延伸与发展，数据资产管理体系的构建也是基于数据管理体系，因而保留了数据管理体系的大部分内容。在讨论数据资产管理体系及具体构成前，本小节将介绍两个知名的数据管理体系。

（一）数据管理知识体系（DAMA 体系）

　　国际数据管理协会（Data Management Association，DAMA）于2009 年发布了数据管理知识体系（Data Management Body of Knowledge，DMBOK）。该数据管理知识体系也被称为 DAMA 体系，其中包括数据治理、数据架构管理、数据开发、数据操作管理、数据安全管理、参考数据与主数据管理、数据仓库和数据智能管理、文档与内容管理、元数据管理、数据质量管理等管理职能。

　　2017 年，国际数据管理协会更新了原有的数据管理知识体系，重新将数据管理划分为 11 个管理职能和 7 个环境要素。其中，11个管理职能包括数据治理、元数据管理、参考数据与主数据管理、数据质量管理、数据安全管理、数据架构管理、数据建模与设计管理、数据存储与操作管理、数据集成与互操作管理、文件与内容管理、数据仓库与商务智能。7 个环境要素是目标原则、组织文化、角色职能、交付成果、工具、活动和技术。环境要素是保障管理职能实施的有力手段。

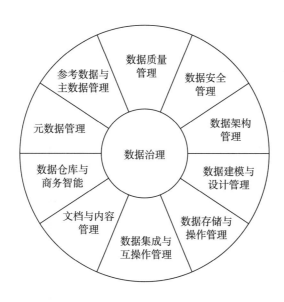

图 7 - 1 数据管理知识体系

资料来源：笔者根据《DAMA 数据管理知识体系指南（第 2 版）》绘制。

DAMA 体系作为数据管理体系的典范，为数据资产管理体系的构建提供了参考，许多数据资产管理体系设计都由 DAMA 体系演变而成。此外，更新后的 DAMA 体系特别指出数据是一种资产，目前管理主体虽然能够计量数据资产的总数，但难以准确估量数据资产的价值，未来管理主体需要探索衡量数据资产价值的方式。

（二）数据管理能力成熟度评估体系（DCMM 体系）

全国信息安全标准化技术委员会在吸收行业公认的数据管理实践经验和借鉴国外数据管理体系的基础上，于 2016 年提出数据管理能力成熟度评估体系（Data Management Capability Maturity Assessment Model），该体系也被称为 DCMM 体系。数据管理成熟度评估体系综合了数据管理过程和规章制度，提供了一个全方位数据管理评估的模型，同时也成为数据资产管理设计的依据。DCMM 包含 8 个数据管理能力域，每个能力域中包含若干个数据管理领域的能力项，共计 28 个能力项[①]，具体如表 7 - 1 所示。

表 7 - 1　　　　　　　　　　数据管理能力域与能力项

能力域	能力项
数据战略	数据战略规划
	数据战略实施
	数据战略评估
数据治理	数据治理组织
	数据制度建设
	数据治理沟通
数据架构	数据模型
	数据分布
	数据集成与共享
	元数据管理
数据应用	数据分析
	数据开放共享
	数据服务
数据安全	数据安全策略
	数据安全管理
	数据安全审计
数据质量	数据质量需求
	数据质量检查
	数据质量分析
	数据质量提升

---

① 全国 DCMM 符合性评估公共服务平台，http：//www. dcmm. org. cn/zlxz/240. jhtml.

能力域	能力项
数据标准	业务术语
	参考数据和主数据
	数据元
	指标数据
数据生存周期	数据需求
	数据设计和开发
	数据运维
	数据退役

资料来源：笔者根据 GB/T 36073——2018《数据管理能力成熟度评估模型》整理。

二　数据资产管理体系的相关研究

一般情况下，数据资产管理体系由管理职能和保障措施两部分构成。管理职能是指实施数据资产管理的具体管理工作，如数据资产的质量管理、流通管理和安全管理等。保障措施则是为了保障数据资产管理顺利推进而开展的相关措施，常常由战略规划、组织架构、规范制度、培训宣传等组成。例如，宿晓丹等（2018）提出的数据资产管理体系是由 5 项管理职能与 3 项保障措施构成的。其中，管理职能包括元数据管理、数据资产分析、数据资产治理、数据资产应用和数据资产运营，如表 7－2 所示；该体系的保障措施包括组织架构、规范制度和服务平台，保障措施能有效地支持管理职能实施。

表 7－2　　　　　　**数据资产管理体系的管理职能**

管理职能	作用
元数据管理	管控业务元数据、技术元数据与管理元数据
数据资产分析	盘点数据资产和分析成本收益
数据资产治理	对数据资产实施标准管理、模型管理和质量管理
数据资产应用	加强数据资产应用并保障数据资产的应用安全
数据资产运营	促进数据资产的流通，提供数据资产产品和服务

资料来源：笔者根据宿晓丹等（2018）研究整理。

数据资产管理体系也可以拆分为管理职能、保障措施与技术工具三部分，从而凸显技术工具的独立性与重要性。例如，李国和等（2019）提出由组织体系、管控体系和技术工具三方面构成的数据资产管理体系，如图7-2所示。其中，管理职能是数据资产管理体系的核心部分，由数据标准管理、数据模型管理、数据质量管理、数据安全管理、数据共享管理、价值评估管理和数据运维管理构成；保障措施由组织机构与规章制度构成，促使组织内部形成统一的数据资产管理规范、明晰的数据资产管理分工；该体系下的技术工具是全业务数据中心，贯穿数据资产管理的全流程，为数据资产管理提供管理工具与技术支持。

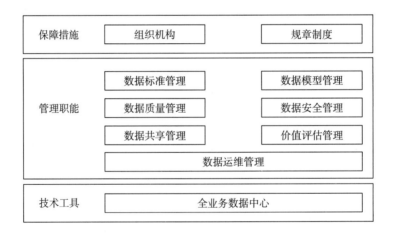

图7-2 数据资产管理体系

资料来源：笔者根据李国和等（2019）研究整理。

为了凸显数据资产价值变现的重要性，数据资产管理体系还可以划分为管理职能、保障措施、技术工具和资产运营四部分。例如，李雨霏等（2020）提出了面向价值实现的数据资产管理体系，如图7-3所示。在该体系中，管理职能是数据资产管理的重点开展对象，包括数据标准管理、数据质量管理、元数据管理、主数据管理、数据模型管理、数据共享管理、数据安全管理和数据价值管理等，从而实现数据资产的规范化、共享化、安全化；资产运营主要是通过数据确权、价值评估、数据流通、数据服务等途径展开的，是数据资产管理的重中之重；技术工具则是用来提供覆盖数据管理职能和数据资产运营全生命周期的技术支持；保障措施用来确保数据资产管理工作的有序推进。

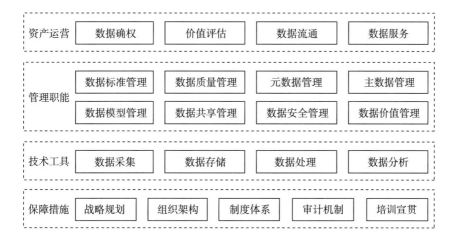

图 7 - 3　面向价值实现的数据资产管理体系

资料来源：笔者根据李雨霏等（2020）研究整理。

事实上，数据资产管理并没有固定的体系范式，管理主体会针对不同情景、出于不同目标建立具有差异化的管理体系。一般情况下，数据资产管理体系主要由管理职能和保障措施两大要素构成，但也存在差异化的数据资产管理体系设计。例如，胡琳（2018）则提出由管理流程、管理规范、管理对象和安全管理、质量管理及权属管理构成的图书馆数据资产管理。其中，管理流程是指数据资产的全生命周期管理，包括数据资产采集、数据资产加工、数据资产分析和数据资产应用环节；管理规范则提供数据资产管理的规范操作引导，包括数据资产管理流程、标准、内容和禁忌；管理对象是指数据资产管理过程中涉及的人、物、资金和信息。类似的，宋晶晶（2020）提出的政府数据资产管理体系延续了该数据资产管理体系的思路，如表 7 - 3 所示。

表 7 - 3　　　　　　　　　　数据资产管理体系

名称	内容
政府数据资产管理对象	人、财、物、技术、数据
政府数据资产管理流程	数据采集、数据保护、数据应用
政府数据资产管理标准	数据资产管理标准、数据资产管理规范
政府数据资产安全管理	安全管理技术、安全管理制度
政府数据资产权属管理	所有权、管理权、隐私权、知情权和使用权等

资料来源：笔者根据宋晶晶（2020）研究整理。

三　数据资产管理体系的具体内容

综合现有研究，大部分数据资产管理体系由管理职能和保障措施①两部分构成。一般情况下，管理职能可以分为主数据管理、元数据管理、数据标准管理、数据质量管理、数据安全管理、数据流通管理等具体管理活动；保障措施可以分为战略规划、组织架构、制度体系、审计机制和培训宣传等具体措施。虽然不同数据资产管理的管理职能与保障措施可能存在差异，但依旧存在共性的部分。基于此，本小节将重点介绍管理职能与保障措施的具体构成。

（一）管理职能

本小节将数据资产管理的管理职能划分为数据管理②板块、数据资产治理板块和数据资产运营板块，如图 7 - 4 所示。数据管理板块关注数据的采集、处理和整合等过程的管理，目的是获取并汇集数据资产。数据资产治理板块关注数据标准、数据资产质量和数据资产安全等方面的管理，目的是获得更加优质的数据资产。数据资产运营板块是指对数据资产流通、变现过程的管理，目的是释放数据资产的价值。

---

① 技术工具可以视作一种保障措施。
② 此处的数据管理是指管理主体利用技术工具对数据进行有效的收集、存储、处理和存储的过程。

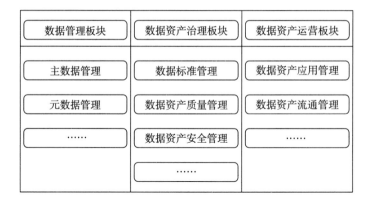

图 7 - 4　数据资产管理核心活动

数据资产管理的管理职能有效地解决了数据资产管理中存在的数据资产质量差、数据资产流通难与数据资产变现难等问题。本小节将介绍数据资产管理的管理职能的构成部分，具体包括：①数据管理板块的主数据管理和元数据管理；②数据资产治理板块的数据标准管理、数据资产质量管理和数据资产安全管理；③数据资产运营板块的数据资产流通管理和应用管理。

1. 数据管理板块

数据管理板块是数据资产管理的基础，是数据资产治理和数据资产运营的前提。本小节将围绕数据管理板块介绍主数据管理和元数据管理两种常见的管理职能。

（1）主数据管理。主数据是有关业务实体的数据，能为业务交易与分析提供语境环境，是代表业务最权威、最准确的数据来源，具有极高的业务价值（王兆君等，2019）。管理主体的数据资产共享主要是围绕主数据展开，因而主数据管理的核心目标在于确保主数据的正确性、准确性、一致性、完整性和可追溯性。主数据管理可以概括为主数据开发、集成、处理、分发与应用等管理过程。首先，管理主体需要全面调研和了解业务现状，并根据关键业务确定主数据需求。其次，管理主体需要通过主数据管理系统来完成主数据的采集、处理与汇总。最后，管理主体需要规范主数据的编码和格式，建立主数据分发和使用的流程规范，便于主数据的共享。

（2）元数据管理。元数据是描述其他数据的数据，也被称为中介数据。元数据蕴含着数据的信息，可以用来识别、评估追踪数据资产。元数据管理是指获取与维护元数据的过程，从而描述、发现、保存、检索和访问它所指代的数据（Westbrooks，2005）。与主数据管理类似，元数据管理包括元数据开发、集成、处理、分发和应用等管理内容。管理主体在元数据管理时可能直接从数据字典、数据模型或流程文档中获取元数据内容，这可能不利于元数据及相关联业务环节的理解。

表 7 – 4   主数据和元数据的对比

名称	定义	实例
主数据	有关业务实体的数据	一般包含当事人、产品、财务等的数据。其中，当事人是指厂商、供应商、业务伙伴、雇员、客户等相关数据；产品是指内部和外部的产品数据；财务数据是指总账、成本和利润等数据
元数据	描述数据的数据	描述图片数据时会利用图片大小、色彩深度、图片分辨率、图片创建时间、快门速度等元数据；描述文档数据时会包括文档作者、创建时间、文档长度、文档标题等元数据

资料来源：笔者根据公开信息绘制。

2. 数据资产治理板块

数据资产治理板块能确保提供高质量的数据资产，为后续数据资产的流通与应用做准备。数据资产治理是指对数据资产的一致性、完整性、可用性、实用性和安全性的整体管理。[1] 本小节将围绕数据资产治理板块介绍数据标准管理[2]、数据资产质量管理和数

---

[1] 赛迪智库 & 西南政法大学：《2019 中国数据治理发展报告》，https：//www. yanbaoke. com/info/gRMMzQ279kRpJHWztD8m7V.

[2] 数据标准管理是指数据资产的标准化，从而实现数据定义与使用的一致性。此处为了避免产生歧义采用了数据标准管理而不是数据资产标准管理。

据资产安全管理三种常见管理职能。

（1）数据标准管理。数据标准是组织内部经过协商制定的、以保障数据交换一致性和准确性为目标的规范形式（徐涛，2017）。数据标准能够统一各部门对数据的理解与使用，保障数据定义与使用的一致性。数据标准管理主要围绕数据的业务标准、技术标准以及公共代码开展（陈娟，2017）。其中，数据的业务标准是数据业务含义的统一解释；数据的技术标准是数据平台中数据的统一技术要求；数据的公共代码是特殊数据的统一规范描述。管理主体在进行数据标准制定时，可以参照国际和行业标准并依据实际情况和业务需求，初步拟定和审核数据标准。之后，管理主体将拟定的数据标准分发给各个部门，在组织内部推行。管理主体在后期需要根据各部门反馈意见，定期修订和完善数据标准。

（2）数据资产质量管理。数据资产质量是指数据资产能一致性满足使用者需求的程度，是评判数据资产好坏的标准之一。数据资产质量主要体现在数据的正确性、完整性、准确性、及时性、可靠性、实用性和合用性等方面（王轶男等，2016）。数据资产质量管理是指管理主体核查并改善数据资产质量的一系列工作，包括剖析数据资产质量需求、制定数据资产质量标准、持续跟踪数据资产质量、改善数据资产质量等内容。首先，管理主体需要先对数据的收集、使用和流通过程中的数据资产质量情况进行核实，发现其中存在的数据错误、数据重复、数据不一致、数据不完整、数据缺失和数据异常等数据资产质量问题，并输出数据资产质量检测报告。其次，管理主体需要对数据的收集、使用和流通过程建立数据资产质量规范，并且分发给各部门执行。管理主体也可以建设数据资产质量管理平台，持续跟踪和评估数据资产质量，重点关注已出现或可能出现质量问题的节点。最后，管理主体需要为数据资产质量管理划定相关负责人，由负责人定期核查和解决数据资产质量问题。

（3）数据资产安全管理。数据资产安全管理是指管理主体采取必要的安全保障措施，来确保数据资产得到有效保护和合法使用，并持续处于安全状态（刘法旺和李艳文，2021）。数据资产安全管理能够保障数据资产被合法、合规、安全地采集、传输、存储和利用。管理主体通过构建体系化的数据资产安全保障措施，既保护了自身和用户的合法权益，也规范了数据资产的安全采集与合规利用。首先，管理主体需要针对不同数据资产的敏感程度划分安全保护等级，实施不同级别的安全保护措施。其次，管理主体需要参照相关法律法规和监管要求制定数据资产管理规范，并定期对数据资产进行安全审计，发现并解决不符合安全规范的数据资产漏洞。最后，管理主体需要增强数据资产安全管理的技术手段，提升数据资产安全管理的技术水平，通过安全技术来防范数据资产安全风险。

3. 数据资产运营板块

数据资产运营管理是数据资产价值释放的核心环节。管理主体通过数据资产运营管理来提高数据资产流通效率和应用水平。本小节将围绕数据资产运营板块介绍数据资产流通管理与数据资产应用管理两种常见管理职能。

（1）数据资产流通管理。数据资产流通是数据资产价值变现的重要途径，包括数据资产的内部流通和外部流通。数据资产的内部流通一般是通过各部门、各层级间的数据资产共享实现，而数据资产的外部流通则是管理主体通过数据资产的交换或交易等途径获得货币或其他数据资产的使用权，以实现数据资产的市场化。对内，管理主体需要制定相关的共享管理制度，构建数据资产的共享平台来连通各部门的数据资产，提升数据资产复用率。对外，管理主体需要参照行业的最佳实践来制定数据资产交易、数据资产交换和数据资产开放制度。此外，管理主体也需要通过相关规章制度来保障数据资产在流通时的安全性和合规性。

（2）数据资产应用管理。数据资产应用是反映数据资产价值的指标之一（杨农，2021）。数据资产应用管理能优化数据资产的应用环节，使数据资产与业务的融合更加充分。管理主体可以通过以下方式来开展数据资产应用管理。一是数据资产应用的标准化。管理主体通过制定标准化、模式化、规范化的数据资产应用流程，来保障数据资产应用的一致性，提升数据资产应用效率，降低不必要损失。二是数据资产应用的创新化。管理主体可以单独任命专业部门来发掘数据资产管理的创新模式，来打破数据资产应用场景单一的困境。三是数据资产应用的简易化。管理主体通过降低数据资产的获取难度、扩大可用数据资产的覆盖范围，来提升数据资产的应用频率。

（二）保障措施

完善的数据资产管理体系离不开保障措施的支持。综合已有的数据资产管理体系研究，保障措施大致可以划分为战略规划、组织架构、制度体系和技术工具四个部分。此外，保障措施还可以包括稽查检查、培训宣传、组织文化等其他部分。本小节将重点介绍战略规划、组织架构、制度体系、技术工具四种保障措施。

（1）战略规划。战略规划是管理主体在进行数据资产管理时的指导蓝图。管理主体需要基于组织的发展目标与发展战略，综合考虑组织的管理水平与管理能力，制定出数据资产管理的目标愿景、指导原则和阶段性规划，将数据资产管理的理念纳入日常运营之中。此外，管理主体在制定战略规划时还需要参考国家相关政策、所在行业数据资产管理情况和数据资产管理的前沿技术等，在原有的数据管理解决方案和技术工具的基础上迭代拓展，最大化利用组织前期信息化建设的成果。

（2）组织架构。典型的数据资产管理组织架构包括数据资产管理委员会、数据资产管理中心、数据管理部门和其他业务部门，组织架构划分如图 7－5 所示。[1] 数据资产管理委员会主要负责数据资产管理的相关决策，由领导层、主管和各业务部门领导组成。数据资产管理委员会负责数据资产管理的领导工作，对数据资产管理的

----

① 中国信通院：《数据资产管理实践白皮书（4.0）》，http：//www.caict.ac.cn/kxyj/qwfb/bps/201906/t20190604_ 200629. htm.

重要工作做决策。数据资产管理中心是数据资产管理的主力军,由管理主体任命的数据资产管理中心的运营人员构成。管理中心负责牵头制定数据资产管理政策、制度、流程与冲突协调方式,监督各项政策、制度、流程的落实情况,负责数据资产管理平台的组织、运营和协调。数据管理部门承担数据开发者的角色,其需要负责数据开发,从技术角度解决数据资产质量问题,是数据资产质量的次要责任者。其他业务部门既是数据资产的提供者,又是数据资产的消费者。各业务部门员工需要遵守和执行数据资产管理规范,对数据资产质量负责,并及时反馈数据资产使用效果。

图 7 - 5 数据资产管理组织架构

资料来源:笔者根据《数据资产管理实践白皮书(4.0)》绘制,http://www. ca-ict. ac. cn/kxyj/qwfb/bps/201906/t20190604_ 200629. htm.

(3)制度体系。完善的制度体系能够保障管理职能正常开展。管理主体需要建立一套制度体系,来明确数据资产获取、处理、使用和流通等过程中的制度、流程和规范,从而为数据资产管理过程中涉及的多方参与者提供行为指南。数据资产管理规范通常由办法、细则、流程和模板构成,并与特定的管理职能相对应。例如,数据标准管理规范需要包括数据标准管理办法、数据标准管理细则、数据标准管理相关流程和数据标准审批表。规范的、有约束力的制度体系能够使所有参与者井然有序地推动数据资产管理,形成有序的整体。

(4)技术工具。数据资产管理也离不开技术工具的支持。随着数据技术的日趋成熟,数据资产管理的自动化、智能化水平也不断提升。管理主体可以通过相关的技术工具来支持对应的管理过程。例如,业界厂商已开发出众多的技术工具,包括数据标准管理工具、数据模型管理工具、元数据管理工具、主数据管理工具、数据资产质量管理工具、数据资产安全管理工具、数据资产共享工具、数据资产应用工具和数据资产流通工具等。这些技术工具既可以单独使用，也可以组合成技术工具包使用，从而实现数据资产管理的自动化、智能化。以上技术工具便构成了完整的数据资产管理技术支持。

综上所述，数据资产管理体系能为数据资产管理的实践提供清晰的路线图，有利于管理主体部署相关的管理工作。实际上，管理主体在具体实践中并不完全按照数据资产管理体系来推进，而是依据数据资产规模、业务运营模式、管理目标、管理水平和管理成本预算等因素灵活调整数据资产管理实践。不可否认的是，数据资产管理体系为数据资产管理工作实施与完善提供了指南。

第三节　数据资产管理实践

数据资产管理是推动大数据和实体经济深度融合、新旧动能转换、经济向高质量发展的重要工作。针对不同的管理目标与管理情景，管理主体将采用不同的管理实践路径。本小节将对数据资产管理的实践现状进行分析，介绍数据资产管理的实践模式与相关案例，指出数据资产管理的实践难点并给出相关建议。

一　数据资产管理的实践路径与相关案例

不同管理主体在数据资产规模、业务运营模式、管理目标、管理水平和管理成本预算等方面存在差异，使数据资产管理实践呈现多样性。根据不同行业、不同主体的具体实践情况，数据资产管理的实践路径可以划分为整体规划模式、数据平台模式、主数据模式、数据资产目录模式、数据集市模式、老旧系统升级模式等。[①]

① EAWorld：《数据资产管理之多行业实施落地方法论》，https：//mp. weix-in. qq. com/s/loFbtF8ZxXcjzYFHhC8joA.

本小节将主要介绍整体规划模式、数据平台模式和主数据模式三种常见的实践路径与相关案例。

（一）整体规划模式

整体规划模式是指管理主体先制定数据资产管理规划，部署组织架构，随后各部门、各业务按照规范分步骤、分阶段地推进数据资产管理。在整体规划模式下，数据资产管理能够全面、清晰和有序地推进，管理成效持久。因而，整体规划模式也成为备受青睐的实践路径。但是，整体规划模式需要完成数据资产盘点、管理能力评估和管理需求分析等大量前期调研工作，同时也需要各部门、各系统间的大量协调配合，因而整体规划模式的前期投入成本较高、建设周期较长。相对而言，整体规划模式更适合资金、技术与管理水平有保障且数据资产规模大的中型、大型的管理主体。

整体规划模式下的数据资产管理实践步骤通常按照"统筹规划→管理实施→稽查检查→资产运营"四个阶段执行（华烨和王莉，2020）。在统筹规划阶段，管理主体需要盘点组织所拥有或控制的数据资产，整理与记录数据资产管理的规范、流程与工具，逐步分析数据资产管理的需求。然后，管理主体需要根据前期调研工作重新制定管理制度，并构建组织架构来推进后期管理工作。在管理实施和稽查检查阶段①，管理主体开始推进数据资产管理的相关工作，如数据标准管理、数据资产质量管理、数据资产安全管理等，并定期检查和改进管理实施情况。在资产运营阶段，管理主体主要通过数据资产的流通管理、应用管理和价值管理等途径来获得经济效益与社会效益，并建立数据资产价值评估体系来衡量数据资产的价值。

---

① 稽查检查是指管理主体定期检查和改进管理工作。有时稽查检查可以纳入管理实施的范畴，并不特别提及。例如，案例"中国建设银行的数据资产管理"中则没有特别体现稽查检查环节。

【案例：中国建设银行的数据资产管理】

中国建设银行对数据资产的管理历史悠久。2003 年，中国建设银行建设了企业级的数据仓库，将数据资产从 IT 系统中抽离出来。2011 年，中国建设银行建立了核心系统，单独管理数据资产并提升数据资产的复用率。然而，中国建设银行依旧面临数据资产质量低、系统开发周期冗长、数据资产散落难聚集和数据标准不统一等问题。为此，中国建设银行党委、高管层下定决心重构数据资产管理模式。经过多年的努力，中国建设银行积累了丰富的数据资产管理经验，建立了一套完整的数据资产管理体系。下文将介绍中国建设银行的数据资产管理实践。

1. 统筹规划阶段

在统筹规划阶段，中国建设银行初步明确了数据资产管理的管理目标，并以此为基础，规划数据资产管理的核心活动①和制度规范。

管理目标是数据资产管理建设的落脚点。中国建设银行的数据资产管理目标是对数据资产实施全生命周期管理，进而保障数据资产管理的供应与质量，为中国建设银行的经营分析决策提供支持。换句话说，中国建设银行要让数据资产的使用者在正确的时间、正确的环境以正确的方式获得正确的数据与数据服务，提升公司内部的商务智能水平，从而实现数据资产运营的良性循环。

管理框架指明了数据资产管理的重点工作。中国建设银行基于 DAMA 体系理论的学习与管理实践的经验总结，建立了数据资产管理框架。该框架包括底层技术支持、元数据管理、数据资产安全管理、数据资产供应链管理、数据资产质量管理、数

---

① 此处核心活动可以理解为上文提及的管理职能。

据资产管控机制和数据资产应用管理。

2. 管理实施阶段

中国建设银行数据资产管理的管理实施可概括为业务数据化和数据资产化。其中，业务数据化是将数据与具体业务挂钩，数据即为业务的映射；数据资产化是将数据汇集成数据资产并实施管控工作。

业务数据化是指中国建设银行将业务情况和经营状况映射到数据资产上的过程。业务数据化的首要工作是"制定企业级数据标准，从业务数据开始统一语言"。对此，中国建设银行构建了完善的数据规范，从源头上保障数据的一致性。同时，中国建设银行搭建了企业级数据模型来对数据供应链条实施全流程管控——在采集阶段按照数据资产标准采集，在传输过程遵循数据资产标准接口互通，在整合阶段建立全景数据资产视图。

数据资产化是指中国建设银行通过管理与治理工作，将关联的数据资产变为可用的数据资产。中国建设银行建立了企业级数据仓库来打破数据孤岛，汇集数据资产。同时，中国建设银行搭建了元数据管理平台和数据资产治理平台来帮助全面管理数据资产。此外，中国建设银行还提出了涉及政策、组织、技术、流程、风险管理和审计管理的数据资产管控体系，推进相关管控工作。

3. 资产运营阶段

中国建设银行数据资产的运营可概括为资产价值化和数据业务化。其中，资产价值化是数据资产的应用环节，数据业务化是利用数据资产及数据资产管理成果来对内对外提供产品、服务与解决方案，形成数据资产业务。

资产价值化是指中国建设银行利用数据分析与挖掘来洞察尚未被发掘的新知识、新情形和新趋势，从而释放数据资产价值。

2015 年，中国建设银行在上海成立大数据分析中心。该中心主要承担数据分析与挖掘工作，从而协助中国建设银行实现客户智能、产品智能、风控智能、运营智能。同时，中国建设银行还搭建了企业级数据资产应用平台，根据不同应用场景，为业务人员提供多样化、灵活化、自主化的数据访问和应用模式。

数据业务化是指中国建设银行推动数据资产管理的经验共享与技术迭代，并将其嵌入业务中。对内，中国建设银行推广先进的数据资产管理成果、推进数据资产管理的复制工作、开展数据资产应用交流分享等。对外，中国建设银行提供面向社会的数据资产管理产品，例如提供住房租赁中的信用评级的龙信商，提供智慧政务建设的技术。[①]

(二) 数据平台模式

数据平台模式是指管理主体以大数据平台、数据中台等技术平台建设为切入点，并在平台内部建立规范标准，部署管理工作。数据平台模式下，管理主体能将数据资产管理的大部分工作交由平台主导，因而落地阻力较小、管理效率更高。同时，数据平台模式能基本覆盖各业务系统的数据资产，基本上实现数据资产的全局管理。但是，有些情况下，数据平台直接从各系统中抽取数据，这不能从源头上解决数据质量问题。相对而言，数据平台主导模式更适用于有技术积累且数据资产质量较高的管理主体。

大数据平台是一种常见的数据平台模式。大数据平台是将分散在各系统中的数据资产统一整合到平台上，并对这些数据资产实施统一管控。大数据平台可以实现快速查询、展示等功能，并为管理主体分析预测提供支持。这既降低了管理主体在信息、人力和重复

---

① 资料来源：中国建设银行数据管理部总经理刘静芳在"2019 智慧中国年会"数据治理与标准化研讨会分论坛上的分享。

建设等方面的成本，也提升了管理主体利用数据资产的效率。大数据平台架构常常由"四横一纵"构成，如图 7-6 所示为京东的大数据管理框架。四横分别是指数据采集层、数据计算层、数据应用层和数据服务层，一纵是指数据管控层，其横跨数据资产的采集、计算、应用和访问。数据采集层包括数据层和数据传输层，主要是通过离线或实时的方式采集不同业务场景的数据并采用高性能数据传输方式来传输数据。数据计算层是对采集的数据进行分领域、分模块的整合和计算，并发掘潜在信息。数据应用层是指将准备好的数据对内提供分析预测，对外提供数据产品。数据服务层，也被称为数据访问层，是通过接口的方式对内部人员和外部人员提供数据及数据服务，从而保证更好的性能体验。数据管控层是指贯穿所有数据层的管理规范与流程，融合数据资产安全管理、数据资产质量管理等。

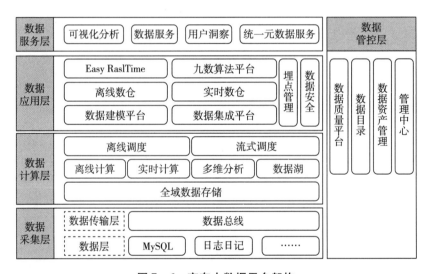

图 7-6 京东大数据平台架构

资料来源：笔者根据包勇军先生在数据智能管理峰会演讲内容绘制，https：// www. dams. org. cn/.

数据中台也是数据平台模式的具体实现。阿里巴巴在 2015 年提出了中台战略，随后企业纷纷效仿"数据中台"战略。数据中台能对各系统内的数据资产解耦，将数据资产沉淀在公共领域（李志等，2020），为前台提供数据和计算服务，从而解决前台和后台①间的匹配失衡问题，最终提高前台对用户的响应效率。数据中台并没有固定范式，但是其至少需要实现数据资产整合与治理的功能，达到整合后台、赋能前台的效果。下面将以阿里巴巴的数据中台建设作为典型案例来介绍。

【案例：阿里巴巴的数据中台建设】

阿里巴巴的数据中台是位于数据源和数据服务的中间平台，该平台将数据资产进行整合与治理，并为前台数据服务提供数据和计算支持。

阿里巴巴的数据中台由数据资产管理板块、数据研发板块和公共数据域板块构成，如图7-7所示。数据资产管理板块提供资产地图、资产分析、资产管理、资产应用和资产运营等服务。智能数据研发板块提供数据仓库规划、模型构建、指标规范、数据开发、任务调度和监控告警等服务。

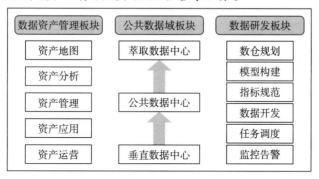

图7-7　阿里巴巴数据中台架构

资料来源：笔者根据2019年阿里云峰会（上海站）绘制，https://developer.aliyun.com/article/711929.

---

① 前台是指系统的前端平台，是直接与终端用户进行交互的应用层。后台是指系统的后端平台，主要服务于数据资产的存储和计算。

公共数据域板块是阿里巴巴数据中台的核心部分，包含垂直数据中心、公共数据中心、萃取数据中心3个部分，如图7-8所示。下文将详细介绍这部分内容。

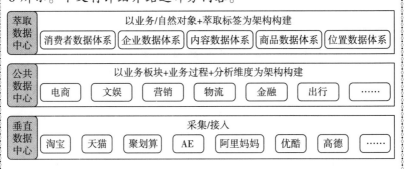

图7-8 数据中台公共数据域板块

资料来源：笔者根据 2019 年阿里云峰会（上海站）绘制，https://developer. aliyun. com/article/711929.

垂直数据中心是指业务数据统一采集或接入平台。阿里巴巴垂直数据中心将来自淘宝、天猫、聚划算、阿里妈妈、盒马鲜生等阿里旗下业务体系内的数据接入数据中台，从而构建阿里的数据资产生态。本质上说，垂直数据中心是为了实现异源数据的在线或离线采集、转换、清洗和装载等功能。

公共数据中心是以业务板块、业务过程和分析维度为架构构建的数据仓库，囊括电商域、文娱域、营销域、物流域、金融域等。公共数据中心也被称为 OneData 体系。OneData 体系是阿里数据中台的核心方法论，包含三个方面的内容：OneModel 用来保障数据口径规范和统一，实现数据资产全链路管理，提供标准数据输出。OneID 用来实现标签萃取、全域连接，构建立体画像。OneService 则是用来提供逻辑性服务，构建数据服务层，通过统一的接口对外提供数据服务，提升服务性能。

> 萃取数据中心是以业务和萃取目标为架构构建的 OneID 体系。萃取数据中心通过标签、知识图谱、画像等技术来实现主数据的唯一身份识别，确保核心数据的身份唯一性、一致性、完整性、相关性和准确性。[①]

(三) 主数据模式

主数据模式是指管理主体从解决业务协同的核心——主数据出发，通过主数据管理推动各个环节的数据资产管理。主数据能反映关键业务实体属性的信息，能够实现跨业务、跨部门、跨系统的重复利用，是数据资产管理的核心管理对象。主数据建设模式能保障管理主体从源头上保障数据资产的一致性，提供唯一、准确且权威的数据来源。同时，主数据模式也能提升主数据的质量，从而为管理主体奠定良好的数据资产质量基础。虽然主数据模式的管理模式简单、管理成效易见，但其需要多部门、多系统的协调配合，且主数据管理成果难以满足全局管理的需求。一般情况下，主数据模式适用于主数据丰富、业务较简单的管理主体，例如制造行业的企业。

主数据模式下，数据资产管理的实践通常按照"主数据规划→主数据规范制定→主数据管理实施→主数据模式推广"四个阶段推进。[②] 主数据规划阶段，管理主体参照主数据相关管理体系并且结合企业的实际情况，确定主数据整体实施路线图。主数据规范制定阶段，管理主体需要围绕主数据管理体系，结合行业实践、运营现状和业务流程制定主数据规范，包括主数据的标准化管理、集成管理、安全管理和运营管理等方面内容。主数据管理实施阶段，管理主体基于主数据标准，建立主数据代码库并搭建主数据管理工具，

[①]　2019 阿里云峰会上海站分享，https：//developer. aliyun. com/article/711929.

[②]　中国信通院：《主数据管理实践白皮书（1.0）》，http：//www. caict. ac. cn/kxyj/qwfb/bps/201812/P020181217331907823675. pdf.

建立主数据管理的运维组织、管理流程和考核机制。主数据模式推广阶段，管理主体通过主数据的推广来扩大管理的应用范围，完善全局数据资产管理。下面将以中国远洋海运集团有限公司的案例介绍主数据模式。

【案例：中国远洋海运集团有限公司的主数据管理】

中国远洋海运集团有限公司（以下简称中国远洋海运集团）由中国远洋运输集团与中国海运集团总公司重组而成，是由中央直接管理的特大型国有企业。中国远洋海运集团经营船队综合运力为 8635 万吨/1123 艘，排名世界第一位。

经过多年的信息化，中远海运集团有限公司的各下属单位已经构建信息化系统。但是，这数百套系统独立运行，各不相通，造成数据分散、数据标准各异、数据难以共享等问题，中远海运集团的经营管理能力因此大大受阻。为了打破数据孤岛，实现数据共享，中远海运集团进行了主数据管理的建设，通过主数据管理实现各类应用系统的主数据统一，进而为全局范围内数据集成共享奠定基础。

中远海运集团的主数据管理大致可以划分为 5 个步骤。①制定主数据管理整体策略。中远海运集团以统一主数据、集成共享全集团数据、形成集团统一数据视图、降低企业运营成本为目标，制定主数据管理的管理策略。②建设主数据管理组织。中远海运集团在主数据管理项目一期时成立以集团业务部门为主导、项目组为落实单位的主数据管理组织，负责九个主数据域的标准规范编制、流程和配套制度的编制和执行、主数据申请的审核等工作。③建立主数据标准规范。中远海运集团初步建立起客户、供应商、会计科目、银行代码、贷款人、船舶、航运货种、航运货种、航运港口、航运燃油等主数据域的标准，从分类、编码、属性、关联性等方面确定了主数据的使用规范，形成全集团、各业务的通用共享数据标准规范。④编制主数据流程与配套制度。中远海运集团编制《中远海运集团主数据管理办法》《中远海运集团主数据管理办法——客户供应商主数据管理细则》《中远海运集团主数据管理办法——会计科目、银行代码、贷款人主数据管理细则》等配套制度，用来规范和约束各单位主数据的使用流程。⑤搭建主数据管理平台。中远海运集团搭建了全集团的主数据管理系统平台，用于主数据的统一查询、申请、审批和分发。

主数据管理有效地协助中远海运集团发挥数据驱动的管理力，实现管理的数字化转型。主数据管理项目的实施搭建起集团内部沟通的桥梁，促进各单位的数据共享与信息传递，成为集团实现数据管控的最有力抓手。①

二 数据资产管理的实践难点及建议

数据资产管理在实践中可能面临诸多难点，如数据资产质量低、数据资产流通困难、数据资产价值释放不足等。本小节将着重介绍其中重要的部分，并提出相应的对策建议。

(一) 数据资产质量低

数据资产质量是指数据资产符合数据使用者需求、满足业务场景需要的程度，常用数据的正确性、一致性、完整性、准确性、可靠性、时效性和实用性等指标衡量。数据资产质量的高低将影响数据分析与应用环节，高质量的数据资产将提升数据分析应用的效率，而低质量的数据资产则会造成数据分析应用的低效，甚至会引致计算错误等不良结果。当数据库、数据仓库中的个别数据存在质

---

① 中国物流与采购联合会，http://www.chinawuliu.com.cn/xsyj/201807/09/332703.shtml.

量问题时，管理主体可以根据数据来源和数据类型来分析问题产生
的原因，如表7-5所示，并进一步变更数据库或数据仓库的设置来
改善部分数据的质量。

表7-5 常见数据质量问题的原因

类型	来源	质量问题原因
定义层	单数据源	忽略约束条件、违反唯一性等
	多数据源	同一实体定义不同、同一属性定义不同等
实例层	单数据源	数据缺失、数据有误、数据过时等
	多数据源	数据缺失、数据有误、数据过时、数据颗粒度不一致等

资料来源：笔者根据公开资料整理。

当数据资产质量呈现整体性不佳时，管理主体一般从技术、业
务和管理三个方面剖析数据资产质量问题产生的原因。技术类问题
常见于数据创建、获取、传输、集成与维护等过程中，是由技术缺
陷造成的数据资产质量不佳。技术类问题会影响数据资产的正确
性、完整性、准确性、可靠性与时效性。业务类问题常见于业务需
求不清晰导致的数据需求、数据规范、数据模型等业务层面偏差。
业务类问题会影响数据资产的实用性与准确性。管理类问题通常是
指由人员素质不高与管理机制不足造成数据质量问题。管理类问题
相对于前两种问题则更难得到解决，对数据资产质量的影响也是全
局性的。针对不同的质量问题，管理主体可以利用流程分析法逐步
剖析问题根源，图7-9是针对技术类问题进行分析的过程。

数据资产质量低会对数据资产价值造成不良影响，管理主体可
以通过以下途径来改善数据资产质量。首先，管理主体可以对数据
资产管理过程中技术、业务与管理类问题的调研分析与整合归类，
建立并落实数据资产质量的负面清单管理模式①，严格把控与数据

---

① 负面清单管理模式是指管理主体规定哪些行为被禁止。凡是对数据资产质量
造成不利影响的行为，管理主体都在负面清单中明确列举，并采取一系列管理手段和
制度安排来杜绝负面清单所列举行为的发生。

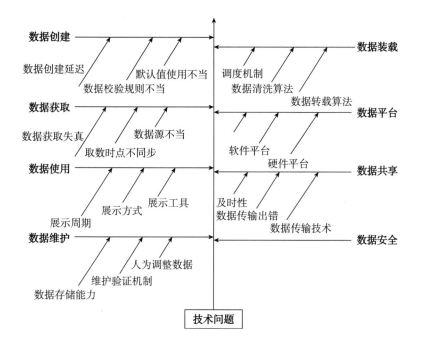

图 7 - 9　数据质量问题的技术层面分析

资料来源：笔者根据公开信息绘制。

资产质量相关的节点，及时发现数据资产质量问题并加以改善。其次，管理主体不仅要注重技术改进，也要注重员工素质。事实上，数据资产质量与员工素质息息相关，当数据人员对相关技术了解较深刻、业务人员对数据资产与业务的联系理解较透彻时，数据资产的一致性、准确性、可靠性和实用性都会随之提升。因此，管理主体需要提升员工的数据资产管理素质水平，加强员工专业知识培训，培养"懂技术、懂业务"的复合型人才。最后，管理主体应统一各部门、各系统的数据资产质量标准。管理主体可以通过"一数一源"和"一源多用"的机制，来实现各部门、各系统的联合，便于数据资产的统一管理和质量监测。

（二）数据资产流通困难

对内，组织内的各部门、各层级间的数据资产流通主要表现为数据资产共享，而数据烟囱、跨层共享与数据安全等因素阻滞了数据资产的共享。第一，数据烟囱问题会导致数据资产共享困难。数据烟囱又被称为数据孤岛，是指各部门系统不兼容，数据格式、编码存在差异，导致各部门间数据资产共享难。对此，管理主体需要统一各系统的数据编码与格式，制定各系统间数据资产的共享流程与规范，为数据资产共享提供环境。第二，跨层共享问题会导致数据资产共享困难。每个层级往往掌握的是同层级的数据资产，不同层级间的数据资产流通一般需要付出额外时间来协商和获取。面对跨层共享问题，管理主体需要建立数据资产跨层使用制度，确保不同层级可以简便地获取与共享数据资产，实现数据资产的纵向共享。第三，对数据资产安全的考量会影响数据资产共享。组织内部的数据资产可能是个人隐私数据，也可能涉及商业机密或政务机密。若数据资产安全保护措施不足，则可能导致数据资产泄露，进而威胁用户或组织的利益。对此，管理主体既要强化管理工具的安全保护力度，也要合理设置数据资产共享权限，不能让数据资产"裸奔"。此外，部门间共享动力不足、员工共享数据意识缺乏等因素都会影响数据资产流通，管理主体需要设计额外的机制来激励数据资产的共享。

对外，不同管理主体间，如企业与企业之间、政企之间，也可能存在数据资产的流通困难。一方面，法律法规的约束导致不同管理主体间数据资产流通困难。近年来，我国加大对数据安全和数据隐私的保护。2021年11月1日开始实施的《个人信息保护法》规定个人信息处理取得个人同意后方可处理并且应该采取对个人权益影响最小的方式，这对管理主体的数据流通造成较大阻碍。对此，管理主体需要在征得用户同意的前提下，对数据资产实施脱敏匿名化来保障数据隐私安全。同时，管理主体应该尽可能地寻找有关联性的第三方进行数据资产共享，并严格遵循"正当合法"的原则。此外，国家在保护数据安全的前提下可以出台有效的数据资产流通制度，来保障和激励数据资产流通。例如，我国曾在2018年出台

《科学数据管理办法》来提高科学数据开放共享水平。① 另一方面，数据资产质量问题导致不同管理主体数据资产流通困难。当数据的完整性、可信性和准确性难以保证时，数据资产流通的成效甚微。因此，管理主体在对外交换或交易数据资产时首先需要保障数据资产的质量。这不仅要求管理主体对数据资产实施治理，也要求国家、行业层面对数据资产质量做出规范。此外，数据资产流通渠道缺乏、数据资产流通安全隐患等原因也阻碍着管理主体间的数据资产流通。面对上述情况，管理主体间可以积极探索联邦学习、隐私计算等新型技术来规避数据资产流通隐患。同时，政府、企业和不同机构也要共同促进数据要素市场的建设，为数据资产流通提供渠道。

（三）数据资产价值释放不足

管理主体在数据资产管理时常常会陷入"重视前期建设、忽略后期利用"的误区。管理主体在构建企业级或政府级的数据资产管理体系时需要耗费大量的人力、物力和财力，还需要通过建立组织架构、制定制度体系和开发技术平台等一系列措施来保障数据资产管理的推进。然而，管理主体过于重视数据资产的管控环节而忽视数据资产的应用，导致数据资产应用、数据资产运营等资产变现环节用力不足。这种做法只为管理主体披上了数据资产管理的外壳，但本质上尚未触及数据资产管理的核心——释放数据资产的价值。这也是大量实践中数据资产管理的投入产出比较低的原因。类似的，管理主体在数据资产管理过程中也可能陷入"重视数据资产积累、轻视数据资产利用"的误区。大部分的管理主体都有积累数据资产的习惯，但是数据资产的使用效率并没有随着数据资产规模的增加而提升，大量无效数据资产不仅不利于数据资产价值的释放，还增加了管理主体的管理成本。

---

① 中华人民共和国中央人民政府，http://www.gov.cn/zhengce/content/2018-04/02/content_5279272.htm.

　　针对上述数据资产运营不足的情况，管理主体应从数据资产应用出发，改善数据资产的运营现状。在数据资产的应用上，管理主体需要加强数据资产应用创新，加强数据资产和业务场景的融合创新。同时，管理主体可以通过建立数据资产平台来提升数据资产的易得性，并扩大数据资产的使用范围。最后，管理主体可以定期评估数据资产价值，去除或转移使用频率较低的"休眠数据资产"，从而降低数据资产管理的成本。

本章阅读导图

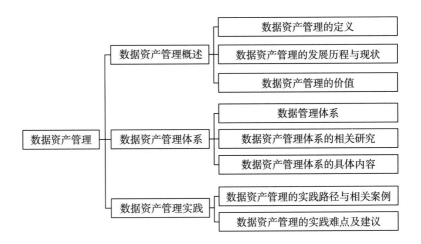

参考文献

蔡跃洲、马文君：《数据要素对高质量发展影响与数据流动制约》，《数量经济技术经济研究》2021 年第 3 期。

陈冬梅等：《数字化与战略管理理论——回顾、挑战与展望》，《管理世界》2020 年第 5 期。

陈国青等：《大数据环境下的决策范式转变与使能创新》，《管理世界》2020 年第 2 期。

陈娟：《金融资产行业的数据标准管理平台的设计与实现》，硕士学位论文，中国科学院大学，2017 年。

陈筱贞：《共享经济流变中的法律运行探索》，《经济论坛》2018 年第 2 期。

崔也光、赵迎：《我国高新技术行业上市公司无形资产现状研究》，《会计研究》2013 年第 3 期。

德勤、阿里研究院：《数据资产化之路——数据资产的估值与行业实践》，2019 年。

杜振华、茶洪旺：《数据产权制度的现实考量》，《重庆社会科学》2016 年第 8 期。

范为：《大数据时代个人信息定义的再审视》，《信息安全与通信保密》2016 年第 10 期。

方禹：《日本个人信息保护法（2017）解读》，《中国信息安全》2019 年第 5 期。

费方域等：《数字经济时代数据性质、产权和竞争》，《财经问题研究》2018 年第 2 期。

复旦大学数字与移动治理实验室：《中国地方政府数据开放报告（2020）》，2021年。

高富平：《数据流通理论：数据资源权利配置的基础》，《中外法学》2019年第3期。

高伟：《数据资产管理：盘活大数据时代的隐形财产》，机械工业出版社2016年版。

工信安全智库：《我国数字基础设施建设现状及推进措施研究》，2020年。

顾勤、周涛：《数据要素流通的分账机制研究》，《电子科技大学学报》2021年第3期。

郭明军等：《协同创新视角下数据价值的构建及量化分析》，《情报理论与实践》2020年第7期。

郭少飞：《新型人格财产权确立及制度构造》，《暨南学报（哲学社会科学版）》2019年第5期。

国际基金货币组织：《撒哈拉以南非洲——艰难的复苏之路》，2020年。

国家工业信息安全发展研究中心：《中国数据要素市场发展报告（2020）》，2021年。

海德思哲：《从蓝图到伟业：中国企业数字化转型的思考与行动》，2021年。

韩海庭等：《数字经济中的数据资产化问题研究》，《征信》2019年第4期。

韩文龙：《数字经济赋能经济高质量发展的政治经济学分析》，《中国社会科学院研究生院学报》2021年第2期。

何伟：《激发数据要素价值的机制、问题和对策》，《信息通信技术与政策》2020年第6期。

何玉长、王伟：《数据要素市场化的理论阐释》，《当代经济研究》2021年第4期。

何渊：《数据法学》，北京大学出版社2020年版。

胡琳：《大数据背景下图书馆数据资产的建设框架与管理体系》，《图书馆理论与实践》2019 年第 3 期。

胡炜：《跨境数据流动的国际法挑战及中国应对》，《社会科学家》2017 年第 11 期。

胡昱等：《数据资产管理体系及其新产业机遇》，《软件》2017 年第 38 期。

华烨、王莉：《烟草企业数据资产管理方法研究及实践》，《中国烟草学报》2020 年第 26 期。

黄春海、尹晓东：《数据资源权属及数据流通可行路径探析》，《西部广播电视》2021 年第 5 期。

黄立芳：《大数据时代呼唤数据产权》，《法制博览（中旬刊）》2014 年第 12 期。

焦海洋：《中国政府数据开放共享的正当性辨析》，《电子政务》2017 年第 5 期。

晋瑞、王玥：《美国隐私立法进展及对我国的启示——以加州隐私立法为例》，《保密科学技术》2019 年第 8 期。

荆文君：《数据优势会使平台企业提高定价吗？——模型推导与理论分析》，《中国管理科学》2021 年第 7 期。

荆文君、孙宝文：《数字经济促进经济高质量发展：一个理论分析框架》，《经济学家》2019 年第 2 期。

康旗等：《大数据资产化》，人民邮电出版社 2016 版。

兰久富：《用语言分析方法澄清价值概念》，《清华大学学报》（哲学社会科学版）2016 年第 3 期。

李爱君：《数据权利属性与法律特征》，《东方法学》2018 年第 3 期。

李彬等：《面向分布式电力交易的区块链算法应用研究综述》，《电网技术》2021 年第 10 期。

李成熙、文庭孝：《我国大数据交易盈利模式研究》，《情报杂志》2020 年第 3 期。

李国和等：《数据资产管理体系研究》，《电信科学》2019 年第35 期。

李骥宇：《大数据交易模式的探讨》，《移动通信》2016 年第5 期。

李谦等：《供电企业数据资产管理与数据化运营》，《华东电力》2014 年第 42 期。

李如：《对大数据资产确认与计量问题的研究》，硕士学位论文，西安理工大学，2017 年。

李斯：《图书情报科研人员对高校图书馆科学数据共享的感知风险研究》，《图书馆学研究》2019 年第 9 期。

李天柱等：《大数据价值孵化机制研究》，《科学学研究》2016 年第 3 期。

李晓华、王怡帆：《数据价值链与价值创造机制研究》，《经济纵横》2020 年第 11 期。

李雅雄、倪杉：《数据资产的会计确认与计量研究》，《湖南财政经济学院学报》2017 年第 4 期。

李雨霏等：《面向价值实现的数据资产管理体系构建》，《大数据》2020 年第 6 期。

李志等：《基于数据中台的电力企业数据资产管理方法研究》，《电力信息与通信技术》2020 年第 18 期。

刘法旺、李艳文：《自动驾驶系统功能安全与预期功能安全研究》，《工业技术创新》2021 年第 8 期。

刘桂锋等：《加强数据安全防护提升数据治理能力——〈中华人民共和国数据安全法（草案）〉解读》，《农业图书情报学报》2021 年第 4 期。

刘丽亚：《数据共享时代财务面临的风险和问题探讨》，《中国总会计师》2014 年第 7 期。

刘洋等：《数字创新管理：理论框架与未来研究》，《管理世界》2020 年第 7 期。

刘业政等：《大数据的价值发现：4C 模型》，《管理世界》2020年第 2 期。

刘志成、李清彬：《把握当前数据垄断特征，优化数据垄断监管》，《中国发展观察》2019 年第 8 期。

罗汉堂：《理解大数据，数字时代的数据和隐私》，2021 年。

马克思：《资本论》第 1 卷，人民出版社 1975 年版。

马克思、恩格斯：《马克思恩格斯全集》第 46 卷（下），人民出版社 1974 年版。

马颜新等：《数字政府：变革与法治》，中国人民大学出版社2021 年版。

梅夏英：《信息和数据概念区分的法律意义》，《比较法研究》2020 年第 6 期。

彭慧波、周雅建：《基于隐私度量的数据定价模型》，《软件》2019 年第 40 期。

戚聿东、肖旭：《数字经济时代的企业管理变革》，《管理世界》2020 年第 6 期。

漆多俊：《论权力》，《法学研究》2001 年第 1 期。

齐爱民、盘佳：《数据权、数据主权的确立与大数据保护的基本原则》，《苏州大学学报》（哲学社会科学版）2015 年第 1 期。

钱志强、韩海军：《盗窃网络虚拟财产行为刑法规制研究》，《法学杂志》2009 年第 9 期。

秦荣生：《企业数据资产的确认、计量与报告研究》，《会计与经济研究》2020 年第 6 期。

任泳然：《数字经济驱动下政务数据资产化与创新策略研究》，博士学位论文，江西财经大学，2020 年。

石磊等：《数据确权在消防信息化中的应用》，《电子技术与软件工程》2020 年第 3 期。

宋晶晶：《政府治理视域下的政府数据资产管理体系及实施路径》，《图书馆》2020 年第 9 期。

宿晓丹等：《数据资产管理体系研究及服务平台架构设计探讨》，《信息与电脑（理论版）》2018 年第 15 期。

腾讯研究院：《未来经济白皮书》，2021 年。

田杰棠、刘露瑶：《交易模式、权利界定与数据要素市场培育》，《改革》2020 年第 7 期。

王利明：《论个人信息权的法律保护——以个人信息权与隐私权的界分为中心》，《现代法学》2013 年第 4 期。

王楠等：《大数据价值的形成路径研究：一个生物学类比》，《中国科技论坛》2020 年第 10 期。

王谦、付晓东：《数据要素赋能经济增长机制探究》，《上海经济研究》2021 年第 4 期。

王融：《〈欧盟数据保护通用条例〉详解》，《大数据》2016 年第 4 期。

王铁男等：《IS 实施后组织单元间的相互依赖对绩效产生影响研究》，《管理世界》2006 年第 7 期。

王益民：《数字政府》，中共中央党校出版社 2020 年版。

王玉林、高富平：《大数据的财产属性研究》，《图书与情报》2016 年第 1 期。

王兆君等：《主数据驱动的数据治理：原理、技术与实践》，清华大学出版社 2019 年版。

王卓：《数据脱敏技术产品化现状及发展趋势》，《保密科学技术》2021 年第 4 期。

王卓等：《数据脱敏技术发展现状及趋势研究》，《信息通信技术与政策》2020 年第 4 期。

维克托·迈尔–舍恩伯格：《数据资本时代》，中信出版社 2018 年版。

魏宏森：《系统科学方法论导论》，人民出版社 1983 年版。

文禹衡：《数据确权的范式嬗变、概念选择与归属主体》，《东北师大学报》（哲学社会科学版）2019 年第 5 期。

吴超：《从原材料到资产——数据资产化的挑战和思考》，《中国科学院院刊》2018 年第 8 期。

吴沈括等：《〈2018 年加州消费者隐私法案〉中的个人信息保护》，《信息安全与通信保密》2018 年第 12 期。

谢鸿飞：《〈民法典〉物权配置的三重视角：公地悲剧、反公地悲剧与法定义务》，《比较法研究》2020 年第 4 期。

熊巧琴、汤珂：《数据要素的界权、交易和定价研究进展》，《经济学动态》2021 年第 2 期。

徐涛：《浅谈银行业数据标准管理框架体系》，《金融经济》2017 年第 18 期。

徐翔等：《数据生产要素研究进展》，《经济学动态》2021 年第 4 期。

徐宗本等：《大数据驱动的管理与决策前沿课题》，《管理世界》2014 年第 11 期。

薛永应：《生产力系统论——关于生产力经济学的对象和任务的探索》，《经济研究》1981 年第 9 期。

闫树等：《区块链在数据流通中的应用》，《大数据》2018 年第 1 期。

杨农：《数字经济下数据要素市场化配置研究》，《当代金融家》2021 年第 4 期。

杨琪、龚南宁：《我国大数据交易的主要问题及建议》，《大数据》2015 年第 1 期。

杨善林、周开乐：《大数据中的管理问题：基于大数据的资源观》，《管理科学学报》2015 年第 5 期。

尹西明等：《数据要素价值化动态过程机制研究》，《科学学研究》2021 年第 6 期。

于立、王建林：《生产要素理论新论——兼论数据要素的共性和特性》，《经济与管理研究》2020 年第 4 期。

曾娜：《政务信息资源的权属界定研究》，《时代法学》2018 年第 4 期。

曾雄:《数据垄断相关问题的反垄断法分析思路》,《竞争政策研究》2017 年第 6 期。

曾燕等:《数字经济发展趋势与社会效应研究》,中国社会科学出版社 2021 年版。

曾燕等:《中国数字普惠金融热点问题评述(2019—2020)》,中国社会科学出版社 2020 年版。

张驰:《数据资产价值分析模型与交易体系研究》,博士学位论文,北京交通大学,2018 年。

张淼等:《基于数据的风险评估模型研究》,《计算机应用研究》2006 年第 9 期。

张敏翀:《数据流通的模式与问题》,《信息通信技术》2016 年第 4 期。

张涛:《欧盟个人数据匿名化治理:法律、技术与风险》,《图书馆论坛》2019 年第 12 期。

张彤:《论民法典编纂视角下的个人信息保护立法》,《行政管理改革》2020 年第 2 期。

张玉坤:《马克思主义生产力理论视域的大数据属性研究》,硕士学位论文,中国矿业大学,2020 年。

张召忠:《怎样才能打赢信息化战争》,世界知识出版社 2004 版。

郑彦宁、化柏林:《数据信息知识与情报转化关系的探讨》,《情报理论与实践》2011 年第 7 期。

中国电子技术标准化研究院:《大数据标准化白皮书》,2020 年。

中国信息通信研究院:《ICT 产业创新发展白皮书》,2020 年。

中国信息通信研究院:《大数据白皮书》,2020 年。

中国信息通信研究院:《数据价值化与数据要素市场发展报告》,2021 年。

中国信息通信研究院：《数据流通关键技术白皮书》，2020 年。

中国信息通信研究院：《数据资产化：数据资产确认与会计计量研究报告》，2020 年。

中国信息通信研究院：《政务数据共享开放安全研究报告》，2020 年。

中国信息通信研究院：《中国宽带发展白皮书》，2020 年。

中国信息通信研究院：《中国数字经济发展白皮书》，2020 年。

中国信息通信院：《数据资产管理实践白皮书（4.0）》，2019 年。

中国信息通信院：《数据资产化：数据资产确认与会计计量研究报告》，2020 年。

周雅颂：《数字政府建设：现状、困境及对策——以"云上贵州"政务数据平台为例》，《云南行政学院学报》2019 年第 2 期。

朱磊：《数据资产管理及展望》，《银行家》2016 年第 11 期。

朱明：《数据挖掘导论》，中国科技大学出版社 2012 年版。

朱扬勇、叶雅珍：《从数据的属性看数据资产》，《大数据》2018 年第 6 期。

左文进、刘丽君：《大数据资产估价方法研究》，《价格理论与实践》2019 年第 8 期。

Ahmad Nadim and van de ven Peter, "Recording and Measuring Data in the System of National Accounts", *the Meeting of the OECD Informal Advisory Group on Measuring GDP in a Digitalised Economy*, November, 2018.

Bonatti Alessandro and Cisternas Gonzalo, "Consumer Scores and Price Discrimination", *Review of Economic Studies*, Vol. 87, No. 2, March, 2020.

DAMA 国际：《DAMA 数据管理知识体系指南（第 2 版）》，DAMA 中国分会翻译组译，机械工程出版社 2020 年版。

DAMA 国际：《DAMA 数据管理知识体系指南》，马欢、刘晨等译，清华大学出版社 2012 年版。

Edelman Benjamin and Ostrovsky Michael, "Strategy Bidder Behavior in Sponsored Search Auctions", *Decision Support Systems*, Vol. 43, No. 1, February 2007.

Edelman Benjamin et al. , "Internet Advertising and the Generalize Second – Price Auction: Selling Billions of Dollars Worth of Keyword", *American Economic Review*, Vol. 97, No. 1, March 2007.

Goldfarb Avi and Tucker Catherine, "Digital Economics", *Journal of Economic Literature*, Vol. 57, No. 2, March 2019.

Hafair Isa et al. , "A Near Pareto Optimal Auction with Budget Constraints", *Games and Economic Behavior*, Vol. 74, No. 2, March, 2012.

Jones Charles and Tonetti Christopher, "Nonrivalry and the Economics of Data", *American Economic Review*, Vol. 110, No. 9, September, 2020.

Mayer – Schönberger Viktor and Cukier Kenneth, *Big Data: A Revolution That Will Transform How We Live, Work, and Think*, New York: Houghton Mifflin Harcourt, 2014.

Mehta Sameer et al. , "How to Sell a Dataset? Pricing Policies for Data Monetization", *Information Systems Research*, Vol. 32, No. 4, September 2021.

Mihet Roxana and Philippon Thomas, "The Economics of Big Data and Artificial Intelligence", *International Finance Review*, Vol. 20, October 2019.

Mundie Craig, "Privacy Pragmatism: Focus on Data Use, Not Data Collection", *Foreign Affairs*, Vol. 93, No. 2, March 2014.

Perrons Robert K. and Jensen Jesse W. , "Data as an Asset: What the Oil and Gas Sector Can Learn from Other Industries about Big Data", *Energy Policy*, Vol. 81, June 2015.

Puiszis Steven, "Unlocking the EU General Data Protection Regulation", *Journal of the Professional Lawyer*, No. 1, May 2018.

Ross Stephen, "The Arbitrage Theory of Capital Asset Pricing", *Journal of Economic Theory*, Vol. 13, No. 3, December 1976.

Shapley Lloyd, *Value for n – Person Games Contributions to the Theory of Games II*, Princeton: Princeton University Press, 1953.

Shen Yuncheng et al., "A Pricing Model for Big Personal Data", *Tsinghua Science and Technology*, Vol. 21, No. 5, October 2016.

Shiller Benjamin Reed, "First Degree Price Discrimination Using Big Data", *Social Science Electronic Publishing*, Vol. 64, No. 518, August, 2013.

Westbrooks Elaine L., "Remarks on Metadata Management", *OCLC Systems & Services*, Vol. 21, No. 2, January 2005.

Yan Carrière – Swallow and Haksar Vikram, "The Economics and Implications of Data: An Integrated Perspective", *IMF Departmental Papers / Policy Papers*, 2019.

Yenmez Bumin, "Pricing in Position Auctions and Online Advertising", *Economic Theory*, Vol. 55, No. 8, January 2014.

后 记

　　在本书的撰写过程中，我们深刻意识到数据资源与数据资产对未来各行各业的发展具有变革性意义。第一，数据资源与数据资产是当下学术界与业界讨论最为广泛的话题之一，涉及数据确权、数据流通、数据定价、数据价值评估和数据要素市场等一系列关键问题。第二，目前我国学术界对数据资源与数据资产的理论知识有所积累，业界对数据资源与数据资产运作有大量实践，但是将业界实践与理论知识相结合的系统化成果较少，难以进一步反哺学术界与业界。第三，数据资源与数据资产将与数字经济、数字社会、数字政府高度相关，与我国数字化转型联系密切，对我国发展具有极其重要的经济与社会价值，值得社会各界深刻探讨，从而推动相关理论与实践良好发展。

　　我们团队成员来自不同的方向，但都怀揣着对"数据资源与数据资产"这一新兴领域的强烈兴趣与学术热情，共同汇集在一起撰写这本书籍。受益于团队成员的异质性，我们能够基于自身的知识储备与思维方式从多个角度出发，碰撞出思想的火花。这本书历经近两年的书写，团队成员需要每周进行汇报与研讨，认真推敲写作过程中遇到的问题，以严谨的学术态度钻研数据资源与数据资产相关知识，希望能够给读者带来启迪。参与本书的写作人员有（排名按照姓氏首字母顺序）：中山大学岭南学院博士生董如玉，香港中文大学研究生蒋倩仪，中山大学岭南学院博士后刘语，中山大学岭南学院博士生任诗婷，中山大学岭南学院硕士生肖遥，中山大学岭南学院教授曾燕，中山大学管理学院本科生钟容与。本书的第一章由蒋倩仪、曾燕主笔完成，第二章由任诗婷、曾燕主笔完成，第三章由董如玉、曾燕主笔完成，第四章由肖遥、曾燕主笔完成，第五章由蒋倩仪、曾燕主笔完成，第六章由刘语、曾燕主笔完成，第七章由钟容与、曾燕主笔完成。

本书能够完成得益于许多人的鼎力支持与大力帮助，我们团队深怀感激之情。首先，我们要感谢非常多的学者与专家的指导，感谢他们在百忙之中抽出时间为本书提供了宝贵建议，丰富与深化了本书的内容。其次，我们要感谢中国社会科学出版社刘晓红编辑在本书编辑过程中的重要贡献。最后，由衷感谢每一位团队成员不遗余力的付出，感谢他们牺牲日常休息和寒暑假时间，共同推进本书付梓。最后，特别感谢国家自然科学基金创新研究群体项目"金融创新、资源配置与风险管理"（编号：71721001）、国家自然科学基金重大项目"微观大数据计量建模研究"（编号：71991474）和国家自然科学基金面上项目"基于税收优惠政策与背景风险的家庭资产配置策略研究"（编号：71771220）的资助。

目前，数据资源与数据资产的理论知识偏于零散化，百家争鸣但尚未形成系统性的知识体系。本书仅做抛砖引玉，期望能在这极具学术价值的领域做出初步探索。由于时间与团队水平的限制，本书肯定存在纰漏之处，望广大专家学者与业界人士不吝赐教，给予批评指正。

曾 燕

2021 年 11 月 24 日